績效管理 PDCA×HR 職責分工 × 核心人才評估 × 人力控管模式……

從管理人才開始，培養企業發展的基

鄧玉金 著

資深HR的 8大高效團隊管理術

中高層主管必學？企業發展的根基——

從「選才」到「留才」，8 堂人力資源管理課！

業價值提升、核心人才思考、經典案例分析、績效優化方案……

入解析人力資源管理的核心策略！

目錄

目錄

第 4 堂課　輔導人 —— 在職授能　有效改善

第 5 堂課　鼓勵人 —— 及時讚賞　正向回饋

第 6 堂課　評估人 —— 肯定進步　面向未來

第 7 堂課　保留人 —— 職劃發展　留人留心

第 8 堂課　人力資源管理的幾個可靠的邏輯

後記

目錄

自序

本書是筆者計劃寫作四本書當中的最後一本。筆者寫此書的目的很簡單，總結自己過往的工作和管理經驗並分享出來。以下是筆者的寫作模式。

1. 工作中是這樣做的，還很順暢。
2. 課程中是這樣講的，還很實用。
3. 影片中是這樣錄的，還很風趣幽默。
4. 書也是這樣寫的，希望更好看。

從筆者 20 多年的工作和培訓顧問的經歷來看，很多中小型企業的中高層管理者都很聰明、很能幹，但是普遍缺乏團隊人才管理和發展的概念和方法。筆者基於 13 年的人力資源部門管理的工作經驗以及多年培訓顧問的經歷，開發了線下課程，線上下幾百場的實際授課中反響很好。

課程內容包含了業務部門的主管在日常工作中人員管理的 7 個方面：中高層主管的人力資源責任、選擇人、要求人、輔導人、鼓勵人、評估人、保留人。課程內容把中高層管理團隊的核心內容概括出來，是一堂很好用的實踐課程。

筆者以人才管理這門線下課程的框架為基礎，按照課程的邏輯，對照著授課簡報寫作完成了本書。此書將中高層主管日常團隊管理中與人員管理、人才發展相關的內容做了歸納統整，精選出了一些比較通俗易懂的管理方法，有些內容還用了案例來幫助讀者強化印象，方便中高層主管參照對比。每堂課後還附加了作者的職場感悟。希望此書可以對企業的中高層主管有所助力。

筆者在寫書的過程中盡可能地使用了口語化的敘述方式，將比較拗口和專業化的人力資源術語轉化成日常的工作語言，這是業務部門對人力資源從業人員非常迫切的需求之一：人力資源說人話！

從企業策略和個人策略的相互關係來看，人員經營和發展是企業經營不可或缺的重要部分。從企業實際看，真正培養和發展員工的歸口部門，不是人力資源部門，而是日常跟員工在一起的各級主管們。

鄧玉金

第 1 堂課
中高階主管的人力資源責任

一個企業當下缺人往往是因為三年前沒有做人力資源的規劃。

從筆者 20 多年的人力資源管理經歷和十多年諮詢培訓的實踐經驗來看，人才梯隊建設中最主要的責任人是各級經理人，而不是人力資源經理人。但各級經理人往往會迫於業務壓力，把最主要的精力放在業務發展上，而忽視團隊人力資源管理和人才梯隊建設這個核心職責，缺人的時候就請人力資源部門幫忙應徵。這當然沒錯，不過長此以往，企業的發展就會無處借力。與能夠培養人的企業相比，只會用人的企業底蘊會差很多。

筆者與企業的中高階主管深入交流的時候，經常會發現他們不是不想培養人，而是不會培養人，甚至不知道帶人是自己的職責。

這也是筆者寫作本書的目的。

本章節學習內容：

- ◆ 什麼是人力資源
- ◆ 蓋洛普的研究成果
- ◆ 如何成為一名值得信賴的主管
- ◆ 中高階主管的人力資源責任

一、什麼是人力資源

人力資源的發展經歷了以下幾個階段。

1. 約翰．羅傑斯．康芒斯（John Rogers Commons）曾經先後於 1919 年和 1921 年在 *Industrial Goodwill* 和 *Industrial Government* 兩本著作裡使用「人力資源」一詞，但與 21 世紀我們所理解的人力資源在含義上相差很遠。
2. 21 世紀初，人們所理解的人力資源的含義是由管理大師彼得．杜拉克（Peter Drucker）於 1954 年在《管理的實踐》（*Management: tasks, responsibilities, practices*）中首先提出並加以明確界定的。他認為人力資源擁有當前其他資源所沒有的素養，即「協調能力、融合能力、判斷力和想像力」；它是一種特殊的資源，必須經過有效的鼓勵機制才能開發利用，並且會給企業帶來可見的經濟價值。
3. 1960 年代以後，美國經濟學家狄奧多．舒茲（Theodore Schultz）和蓋瑞．貝克（Gary Becker）提出了現代人力資本理論，該理論認為人力資本是展現在具有勞動能力的人身上的、以勞動者的數量和品質所表示的資本，它是透過投資形成的。該理論的提出使得人力資源的概念更加深入人心。
4. 英國經濟學著作中寫道：「人力資源是國民財富的最終基礎。資本和自然資源是被動的生產要素，人是累積資本，開發自然資源，建立社會、經濟和政治並推動國家向前發展的主動力量。顯而易見，一個國家如果不能發展人們的知識和技能，就不能發展任何新的東西。」從此，人們對人力資源的研究越來越多，學者對人力資源的含義也提出了越來越多的解釋。

5. 現今對人力資源的定義是：人力資源是指在勞動生產過程中，可以直接投入的體力、智力、心力的總和及其形成的基礎素養，包括知識、技能、經驗、品性與態度等身心素養。這個概念實際上把人力資源要素化了，而知識、技能、經驗、品性和態度都是我們在應徵面試過程中重點要考核候選人的內容。

華為的創始人任正非與聯想的創始人柳傳志。他們都在各自的領域內做出了重要的貢獻，對於人力資源，他們也有自己獨到的見解。

任正非強調華為唯一可依存的是「人」，當然是指奮鬥的、無私的、自律的、有技能的人。華為目前有近 20 萬名員工，其中有一半員工是研發人員，屬於知識分子，華為透過培育其價值觀將這些知識分子變成戰士。華為價值觀強調奮鬥精神，但是華為的奮鬥不是空虛的口號，華為的奮鬥者是華為的控股股東，奮鬥者需要簽訂《奮鬥者協定》。華為在協定中對於「奮鬥者」做了界定，他們都具有明確的特徵，包括無私、自律和有技能。無私意味著有奉獻精神，要跟團隊做好無縫銜接；自律意味著要管控好自己；有技能意味著要達到職位工作需求的基本技術要求。透過幾個形容詞的界定，華為的奮鬥者就不用揚鞭自奮蹄了。像華為這麼大的企業，也依然強調公司最重要的是人，尤其是 2019 年，當美國把華為放入「實體企業清單」後，華為所爆發出來的生命力和奮鬥精神讓人很驚訝。為了鼓勵士氣，華為定製了 2 萬枚紀念章給中高層領導一人發一枚，用以紀念奮鬥的過程，也是紀念一個公司克服困難的過程。

柳傳志談創業之道時強調，企業經營實際就三件事：建團隊、定策略和帶隊伍。前幾年一個偶然的機會，筆者和聯想農業的人力資源總監交流時得知，聯想農業和聯想高科技集團的背景是不太匹配的，所以他們希望建立一套更符合農業發展方向的企業文化，脫離「建團隊、定策略和帶隊伍」的套路。他們摸索了很久後發現，其他所謂的思路跟「建團隊、定策略和帶隊伍」這套思路比起來麻煩多了，還講不清楚，於是他們乾脆回頭使用原來的方法搭建公司，思路果然變得清晰多了。這就意味著企業在成立之初，或者集團化的企業要建立新的子公司或者開闢新的業務時，一般都是三步走。

- 第一步，建團隊。無論是從內部選拔還是外部應徵，先建立起 3 ～ 5 人的高管團隊。
- 第二步，定策略。老闆先把這幫人聚集起來，向他們傳達從集團或公司的範圍來看，他們是最適合或最具有潛質的人才，也是公司最放心和信任的人。老闆召集大家一起討論：從長遠看新業務的願景是什麼？從中長期看新業務的策略是什麼？ 1 ～ 2 年的短期年度計畫目標又是什麼？討論結束後團隊一起研究出可行性報告，當然也可以藉助外部的諮詢機構。在梳理清楚公司的願景、策略和計劃之後，團隊向老闆彙報，老闆如果同意，就可以進入第三步了。
- 第三步，帶隊伍。搭建管理層團隊，招募員工。

如果企業按照這三步發展，有團隊，也能帶人，再基於企業願景和策略，由上而下制定目標和計劃，有步驟有思路地進行，就跨出了成功的第一步。

由此可見，建團隊需要找核心人員，帶隊伍也要先把中層和基層的隊伍建起來，在這些環節中，「人」都是關鍵。從這個角度來看，任正非和柳傳志強調的企業經營和發展的核心，其實就是以人為本。

(一) 知識經濟時代企業價值如何提高

關於知識經濟時代企業價值如何提高這個問題,《平衡計分卡》(*The Balanced Scorecard*)裡提到了一組數據,如圖 1-1 所示。

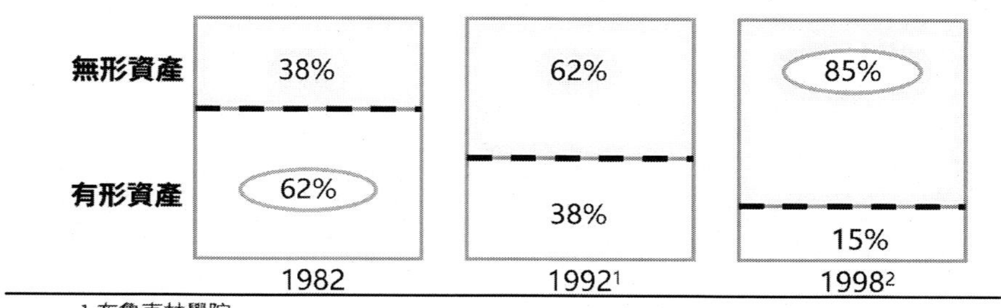

圖 1-1 《平衡計分卡》

1982 年,企業總資產中無形資產和有形資產的占比分別是 38%和 62%,這就意味著在那個年代,企業最核心的資產還是它的有形資產,例如廠房、資金、設備、辦公用品等。

到了 1992 年,僅僅過了 10 年的時間,當時美國 PC 端網際網路已經興起,企業總資產中無形資產和有形資產的占比完全調換,無形資產占 62%,有形資產只占 38%。這意味著企業無形資產的價值迅速提升。

到了 1998 年,又過了不到 10 年的時間,企業總資產中,無形資產占 85%,有形資產只占 15%,無形資產所占的比重越來越大。無形資產包括知識、商標、經驗、技能、專利等,而這些無形資產的載體就是企業中實實在在的人。所以從這個角度上看,隨著技術的進步,企業經營對人的依賴會越來越大。

(二) 企業經營的兩個部分

嚴格意義上講，企業的經營分為兩部分，如圖 1-2 所示。

1. 對外經營顧客 (企業策略經營)
2. 對內經營員工 (個人策略經營)

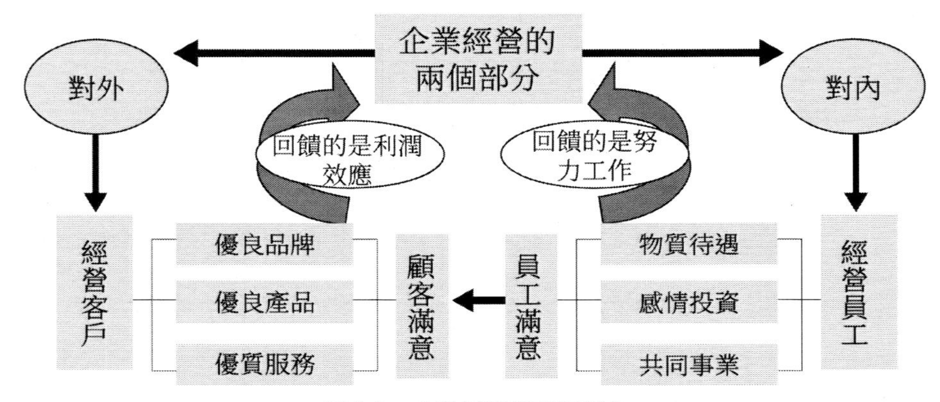

圖 1-2　企業經營的兩個部分

1. 經營顧客

經營顧客是指企業努力給客戶提供優良的產品或優質的服務。任何一家企業給顧客提供的東西無非就是兩種：產品或服務。有的企業會說其提供的是解決方案，但實際上解決方案就是產品＋服務。

除此之外，還可以疊加上優秀的品牌，企業的品牌能夠給產品和服務帶來溢價。透過這樣的操作方式，顧客拿到了疊加了品牌力的優質產品和服務，企業就可以拿到超越同行的收益和利潤。

2012 年，三星 (Samsung) 和蘋果公司 (Apple) 的利潤占全球整個手機行業淨利潤的 90%以上，這就意味著剩下的成千上萬家手機企業的利潤只有不到 10%，說明絕大多數企業是虧本的狀態，最多只賺了個苦力錢。

從這個現象可以看到，如果企業的品牌價值高，會促成顧客重複購買，哪怕產品價格略高，可如果能給客戶帶來更好的使用體驗，顧客一樣願意買單。就像當年 iPhone3、iPhone4 上市的時候，還出現過「賣腎買手機」的事件，因為當時擁有一部蘋果手機，代表著品味和面子，是身分的象徵。

筆者曾經工作過的一家英資企業的主要業務是做礦山用的破碎機。該企業出產的破碎機單臺最高價格能到 1,500 萬美元左右，最便宜的也得 100 萬美元一臺。中國同規格的破碎機價格基本只有該企業價格的 1/10 到 1/5。可是很多大型煤礦企業或其他礦山企業寧可花高價買這個品牌的設備，也不用中國品牌的破碎機。為什麼呢？筆者在跟客戶的交流中發現，顧客實際上買的是安心，尤其是一些老企業，他們更看重的是企業的生產安全，因為這不但跟員工的生命安全息息相關，同時也跟他們的職業發展緊密相關。如果用最好的、最優秀品牌的設備還出事故的話，剔除管理層的原因，其原因就可能是：意外。從這個角度看，如果企業的產品、服務，包括品牌都比較好，一定能給企業帶來顧客的忠誠。

企業策略規劃的核心基本上都是為客戶創造價值，而為客戶創造價值一定要圍繞著客戶的核心需求做規劃，盡最大的努力幫助客戶成長。從摩托羅拉 (Motorola)、西門子 (Siemens)、Nokia 到華為，它們的核心價值觀裡都有一條：以客戶為中心！只有滿足了客戶的需求，企業才能生存。企業策略規劃的核心是滿足客戶需求之後帶來的銷售收入和利潤的增加。所以經營客戶就是企業的策略經營。

2. 經營員工

經營員工包含三個層面。

首先，要給員工合適的物質待遇。合適的物質待遇就是當員工拿到薪資之後，他在社會上生活不會感覺困難，支付生活的基本需求沒有太大的壓力。再或者說，當他和朋友交流自己薪酬水準的時候，不會覺得丟臉，這說明企業給到的物質待遇是可以的。

一般情況下，員工對於自己的薪酬都是不滿意的。員工對於高薪的追求，跟企業老闆對於企業淨利潤的追求是一樣的。只要公司核心員工不是因為薪酬問題離職，就說明公司的待遇過關。

其次，要對員工執行感情投資。中高階主管要維繫好上下級和同事間的關係，讓員工覺得在企業裡除了待遇還有其他值得留戀的地方，例如企業的氛圍。企業氛圍的背後隱藏著企業文化和價值觀，有些氛圍比較好的企業，員工彼此之間是不以職位相稱的，這會讓員工很有歸屬感。

最後，要讓員工和企業達成共同的事業方向。例如有的企業會對核心員工做股權或者期權的鼓勵，達到深度連結員工的目的。

以上三個層面包含了企業從物質和精神層面給予員工的待遇，但這些不是經營員工的全部。

經營員工的全部就是員工入職公司的時候，雖然已經具備了職位所需要的知識、經驗和技能，但企業仍然要給他們提供技能培訓，安排有挑戰性的工作，並且最好找人帶領，在工作的過程中不斷提高他們的知識、經驗和技能，這樣能夠給員工帶來價值增值。如果員工在企業工作三年之後，當他跳槽到其他企業時，拿到的薪酬水準至少能比現在的薪酬高出 30%～ 50%，那就說明企業各級領導者對員工的經營是到位的。

企業要為員工提供技能提升的歷練，幫助他們累積更有價值的知識和經驗。當員工具備這樣的能力後，企業要定期為這些員工做薪酬調整，如果在員工的物質欲求還沒有覺醒的時候，企業已經率先做了調薪，員工對企業的滿意度會大大地提高。也可以是當員工具備了某項技能後，或者經驗累積到一定程度後，將其調整到合適的職位上，這也是對員工巨大的鼓勵。

企業不僅提高了員工的物質待遇，還關注到員工的能力提升，把其安排到更有挑戰性的職位，員工對企業的認同感自然也就提升了，所以企業經營員工實際上是發展員工。員工對於企業的認同感高了，自然而然地會對企業忠誠，會愛惜企業的產品和服務，也會善待企業的客戶。客戶感受到了企業員工的善意，會認同企業的產品和服務，他們就會重複採購或者將企業的產品和服務推薦給周圍的朋友、鄰居等。

由此可見，企業經營的兩個方面從根本上講，就是企業在經營員工的同時，順便經營了客戶，即在經營員工的同時順便賺了錢。

所以從長遠來看，企業經營一定是企業在解決了員工的生存問題之後，再解決好員工的發展問題，要不然的話，企業就會形成「鐵打的營盤流水的兵」的狀況。老闆缺好的高級管理者，主管缺做事有能力的下屬，企業規模最多維持在一定規模的水準就再也發展不上去了。

從企業策略和個人策略的相互關係來看，人員經營和發展是企業經營不可或缺的重要部分。從企業實際看，真正培養和發展員工的歸口部門，不是人力資源部門，而是日常跟員工在一起的各級中高階主管們。

二、蓋洛普的研究成果

圖 1-3 是蓋洛普針對管理層對一線員工離職的影響統計。

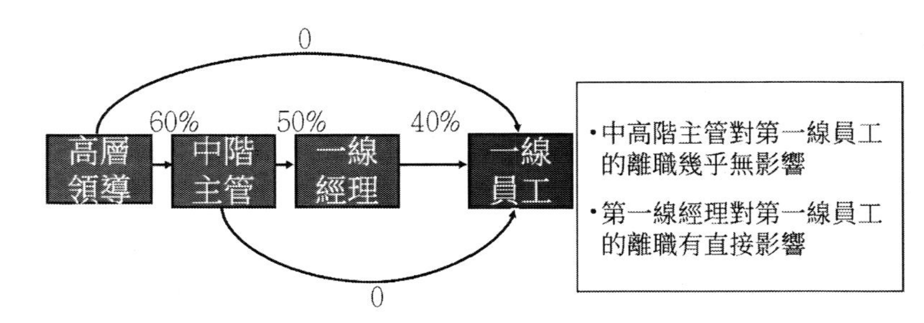

圖 1-3　管理層對一線員工離職的影響

從數據上可以看到，一線員工離職和一線經理的關聯度是 40%，一線經理離職和中層主管的關聯度是 50%，而中層主管離職則有 60%的原因和他的直接高層主管相關。

從數據中還可以看到一個有趣的現象，一線員工的離職與中層主管關聯度為 0，跟高層領導的關聯度也為 0。所以，有些時候員工在離職面談時都會說離職的原因是職業發展或者待遇不好，但核心的原因很大一部分與他們的直屬上司有關。

從這個邏輯上看，它印證了一句話：加入公司，離開經理。

所以從這個角度上看，如果你是部門主管者，當你所管轄範圍的經理或主管向你提到員工離職是因為公司或者待遇的時候，是不是可以把這個數據拿出來給他們看一看？畢竟這個數據不是拍腦袋定出來的，而是根據真實情況統計出來的。

由此可見，提高一線經理和中層主管的人力資源管理能力是緊急且重要的事情。但實際情況是，無論在哪個國家，真正懂人力資源管理的業務領導還是稀少的，企業一定要特別重視各級經理的人員管理能力的提升。下面介紹一下優秀經理日常管理中的規範動作。

(一) 蓋洛普路徑

蓋洛普（Gallup）公司曾經花了 60 年時間對企業成功要素的相互關係進行了深入的研究，建立了描述員工個人表現與公司最終經營業績之間的路徑，即蓋洛普路徑。如圖 1-4 所示。

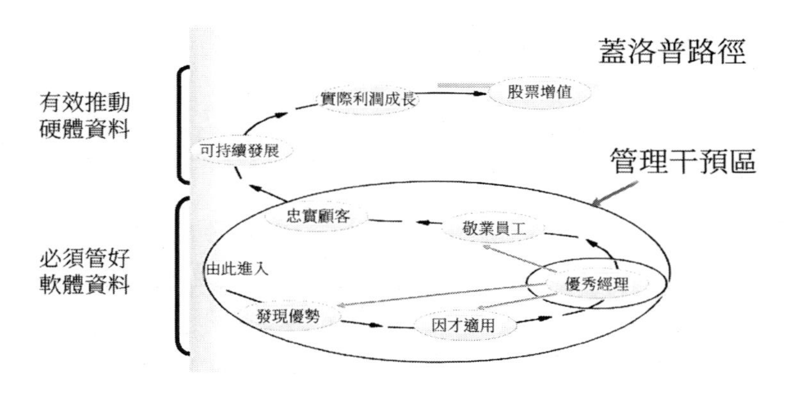

圖 1-4　蓋洛普路徑

一個公司的股票增加依賴公司的實際利潤增加，而實際利潤增加取決於營業額持續增加。多數企業只關注這三個財務指標，卻從來沒有意識到，當這些指標發生時，已經成為過去，已經是後滯指標。而其他前導指標正是產生後滯指標的根本原因。公司營業額的增加是源於有一定的忠實顧客群和願意為他們服務的員工，這些高度敬業的員工又源於優秀經理的管理，而優秀經理的選拔則歸於公司的知人善任。從整個路徑中可以看出，我們只有從「辨識優勢」到「忠實顧客」的前導指標達到先進水準後，才能改進後三個階段的關鍵業績。

著名的 Q12 測評法是針對前導指標中員工敬業度和工作環境的測量，蓋洛普對 12 個不同行業、24 家公司的 2,500 多個經營部門進行了資料收集，然後透過對它們的 105,000 名不同公司和文化的員工的態度進行分析，發現這 12 個關鍵問題最能反映員工的保留、利潤、效率和顧客滿意度這四個硬指標。

蓋洛普認為，對內沒有測量就沒有管理，因為你不知道員工怎麼敬業、客戶怎麼忠誠。蓋洛普擁有員工自我評測忠誠度和敬業的指標體系，Q12 測評法是員工敬業度和參與度的測量標準。

蓋洛普還認為，要想把人管好，首先要把人看好，把人用對。給員工創造環境，發揮他的優勢，這是管人的根本。也就是使每個員工產生「主角責任感」，蓋洛普稱之為敬業度，作為自己所在企業的一分子，產生一種歸屬感。

蓋洛普公司發明的 Q12 測評法在國際大企業中引發揮了很大反響，其主旨是透過詢問企業員工 12 個問題來測試員工的滿意度，並幫助企業篩選出最有能力的部門經理和最差的部門經理。

（二）Q12 測評法與優秀經理的規範動作

蓋洛普公司的兩位專家馬克斯．巴金漢（Marcus Buckingham）與柯特．科夫曼（Curt Coffman）在對不同行業的大批優秀經理的管理進行深入研究後，於 1999 年聯合出版了一本很有新意的暢銷書《首先，打破成規》（*First, break all the ruler*）。在書中，他們將自己的研究發現與蓋洛普獨創的評測和管理基層員工工作環境的工具 Q12 結合在一起，全面展示了 Q12 的魅力。這 12 個貌似簡單的問題，居然可以有效地辨識出一家企業最優秀的部門，也證明了員工民意與企業生產效率、利潤率、顧客滿意度和員工保留率之間有關聯。

1. 我知道公司對我的工作要求嗎？
2. 我有做好我的工作所需要的材料和設備嗎？
3. 在工作中，我每天都有機會做我最擅長做的事嗎？
4. 在過去的七天裡，我因工作出色而受到表揚了嗎？
5. 我覺得我的主管或同事關心我的個人情況嗎？
6. 工作單位有人鼓勵我的發展嗎？
7. 在工作中，我覺得我的意見受到重視了嗎？
8. 公司的使命（目標）使我覺得我的工作重要嗎？
9. 我的同事們致力於高品質的工作嗎？
10. 我在工作單位有一個最要好的朋友嗎？
11. 在過去的六個月內，工作單位有人和我談及我的進步嗎？
12. 過去一年裡，我在工作中有機會學習和成長嗎？

圖 1-5　蓋洛普的 Q12 測評法

從圖 1-5 可以看到，這 12 個問題都是我們日常工作中會接觸到的。筆者在企業講課時，每次都會先在課堂上列出這 12 個問題，然後問管理者：「這些工作有哪些是你們當下工作中不接觸或者不會做的？」

答案通常是：「會做。」

再問：「做得好不好？」

回答：「……」

下面我們來解析一下這 12 個問題，解析有些長，請慢慢看慢慢品。

Q1 我知道公司對我的工作要求嗎？

對員工來說，明白工作是什麼是最為重要的一個環節，員工要知道具體的工作都有哪些、考核標準是什麼之後，才可有效地開展工作。員工最累的狀態不是加班加點，而是沒事找事做，心好累！

這幾年筆者在給企業高管講授目標管理或績效管理課程時，一般都會先讓他們寫一寫企業當年的年度計畫目標（從目標管理的角度看，企業通常會設計 3 ～ 5 個年度計畫目標）。如果課堂有 5 個討論小組，當答案收集上來後，會出現一個很有意思的現象：5 個組呈現的是 5 個目標體系，而不是統一的公司目標體系。這說明作為公司的中高層，例如部門經理、部門總監、公司副總或總經理，他們之間對於公司目標的認知都會存在差異，有些是存在巨大的差異，不僅目標數量不同，甚至目標的內容也是大相逕庭。這就意味著公司的目標在當年沒有完全落地，即使有預算、有資源，投了專案，花了錢，卻還是產生了大量糾紛和矛盾。

從這個角度來看，公司的目標在縱向上未能從公司拆分到部門再拆分到職位，週期上未能將年度計畫轉化到每個月的月度計畫，再用月度計划來指導周工作的開展，公司的目標僅僅是用來看的，如果完成了是運氣好，完成不了是正常的。

所以，員工對於經理的要求，經理對於公司高級領導者的要求，是應當明確知道當年、當月、當週的工作目標以及目標達成的標準。如果對這些內容不清楚，員工只能是按照慣性開展工作，過去怎麼做現在就怎麼做，或者憑良心做事做事。可是憑良心做事容易陷入一個失誤：做多少都是多的，給多少都是少的。

Q1 這個問題看似簡單，但在當今的企業中，卻是做得最不好的。員工總是自己找事做，意味著員工不知道到底要做什麼，領導也沒有安排具體的工作。如果出現這樣的情況，也反映出該部門的管理是無序的，目標是不明確的，公司亦然。所以公司需要重視計劃目標管理。

Q2 我有做好我的工作所需要的材料和設備嗎？

員工擁有基本辦公所需要的材料和設備，例如辦公桌、工作用的電腦、工作信箱、通訊工具、辦公用具等。如果企業的辦公地點比較偏遠，還涉及通勤補助、餐補、話費補助等。這就是「想讓馬兒跑，一定給馬兒吃草」的邏輯，中高階主管在給下屬提出工作要求的同時，也要給下屬配備達成目標所需要的資源。

其實，Q1 和 Q2 都是我們通常換工作單位時會首先考慮的問題。在面試的時候會問到工作職責、工作目標、許可權、薪酬福利，那麼在職員工的要求自然也會有這些。如果這些條件都不具備，就是領導的失誤，或者沒能力。

Q3 在工作中，我每天都有機會做我最擅長做的事嗎？

企業在應徵時，一般都會考察候選人的知識、經驗和技能是否匹配職位要求，既然應徵都要考察這些，中高階主管更應該考慮在職在職人員所從事的工作是不是他們擅長的工作。

筆者曾在一家證券公司講關於中高階主管的人才管理等方面的知識給中層領導，有個交易部的經理提到她的下屬經理回饋了一個問題，我覺得很有意思。下屬對她說：「主管，我能夠達到您提的銷售目標就可以了，您不要干預我具體賣哪個產品行不行？」因為總部既對銷售收入總量有要求，也對具體銷售的產品類別有要求。所以這位主管困惑了，不知道該怎麼回覆下屬。

筆者問該主管：你的員工是不是對新產品不熟悉？主管點頭。筆者又問：那你是否對他們做過關於如何銷售新產品的培訓？或者直接帶他們去見見客戶？主管回答沒有。

透過交流可以看出來，下屬不願意賣新產品是因為他不會賣，如果主管強制要求而不提供幫助，員工一定會牴觸，因為他真的不擅長。

前幾年聽聞有企業為了達到裁員的目的，強制將辦公室人員調職調職為保潔員，這樣做員工自然會不滿意，還會影響到企業的口碑。

從這個問題可以看到，部門經理一定要做到因人適用，如果做不到這點，員工只會做自己擅長的工作。除非是個人職業規劃做得比較好的員工，可能會嘗試新的挑戰。所以當領導安排下屬不擅長的工作時，一定要注意做目標拆解、輔導並教會他怎麼做，否則出現不希望看到的結果是在所難免的。

當然，員工只有在工作中用其所長，才能充分展現其潛力。當一個員工的天生優勢與其所任工作相吻合時，他就可能出類拔萃。所以知人善任是當今公司和經理們面臨的最大挑戰。

Q4 在過去的七天裡，我因工作出色而受到表揚了嗎？

對員工的認可和表揚是建設良好工作環境的磚和瓦。每個人都需要獲得認可，以及由此而生的成就感。蓋洛普在研究中發現，表揚已成為一種與員工有效溝通的方式。

員工希望在一週內至少能夠受到一次主管的表揚。安迪．葛洛夫（Andy Grove）曾經提到過：如果上級能夠抽出時間為員工做 15 分鐘有輔導性質的談話，員工在接下來的兩週之內會充滿幹勁。這和蓋洛普的調查統計是相互印證的。

這就要求各級經理在日常工作中要善於發現員工的長處，給予相對客觀的表揚。有的經理在課堂上提出，如果每週都表揚，實在是不知道該表揚什麼了。筆者提供一個萬能表揚術，無論是男同事還是女同事、年輕的還是年長的，都適用的一句話：你怎麼又瘦了呢？這句話無論誰聽到，心理感受都會非常好。

這句話不能只從表面意思理解，重要的是當主管在對下屬說：你怎麼又瘦了呢？實際說明的是主管心裡還有你，你還沒有被邊緣化。對一個人最可怕的處理方式不是不表揚，而是視而不見的冷漠。

作為經理，情商需要高一些。不過這也對經理提出了新的挑戰，無論是喜歡的下屬或者不喜歡的下屬，都要表揚。如果是喜歡的下屬，表揚起來當然不在話下；表揚不喜歡的下屬，領導者可能就要承受生理和心理上的巨大不適。可換個角度看，如果對不喜歡的下屬都能表揚，那還有什麼是不能克服的呢？

Q5 我覺得我的主管或同事關心我的個人情況嗎？

離職的員工並不是要離開公司，而是要離開他們的經理和主管。在現在的公司管理中，經理和主管對員工的影響很大。對員工的關心可以增加雙方的信任度，而這種信任會左右員工對公司的看法。

當我們剛進入一個公司，如果身邊有老同事或者主管詢問：你有男朋友了嗎？這句話的背後隱藏的意思其實是他已經接受你了，覺得你為人還不錯。

除了正常的工作交往，上下級或者平級跨部門的同事之間，也應該有一些私下的交流，可以涉及各方面，如個人發展、家庭情況等。這也是一種相互接納和認可的狀態。

Q6 工作單位有人鼓勵我的發展嗎？

工作使員工有機會每天接觸新情況和發現新方法來迎接挑戰。在今天的工作環境下，終身受僱於一家公司已過時。新的重點是終身就業機會。優秀的經理們會挖掘員工的自身優勢、才幹並鼓勵他們在適合自己的方向上發展。

一般需要鼓勵員工個人發展的都是上級領導或者部門負責人、公司副總，經常問一問員工的學習情況、在公司的適應情況、工作情況等，這也是一種接納的表現。

Q7 在工作中，我覺得我的意見受到重視了嗎？

意思就是員工提出的合理化建議有沒有被上級採納。

例如在部門例會上，經理正在講話，突然有人說：主管，我有一個好的想法。主管聽到這句話時，若無動於衷，繼續講話，這種情況發生過兩三次之後，員工基本就沒有發言的主動性了，哪怕之後你問他，他都不會說了。而如果經理這時能夠停下來，詢問：你有什麼好的想法，可以說說看。員工說完後，經理感覺不錯，對其說可以與同部門的某位同事一起出個可行性方案。這時候該員工一定是大受鼓舞，以後有什麼好的想法都會提出來，他也會覺得自己在這個公司、在這個部門是受到重視的。

Q7 通常被稱為「個人股價」，即個人說的話在本企業的受重視程度是「個人股價」的表現。有的時候如果員工在企業受重視程度高，即使隔壁公司漲薪 30%挖他，他也不會去。

該問題旨在測量員工對工作和公司所產生的價值感，並能增強員工對公司的信心。

Q8 公司的使命（目標）使我覺得我的工作重要嗎？

員工如果能將公司的價值、目標和使命與自己的價值觀念有關，就會產生很強的企業認同感、歸屬感和目標感。如果員工認為他的工作對公司整個目標很重要，這將加大他的成就感。

例如公司內的專職司機職位，行政經理該如何與這個職位的員工溝通，以展現公司的使命（目標）與其工作內容是息息相關的呢？因為一般來說這個職位都不太受公司重視。

第一種說法：

行政經理：「老劉，你的工作非常重要，你記住你是我們公司的門面，如果你的著裝、言談舉止符合商務禮儀的標準要求，客戶在被你服務的過程中，就會覺得我們公司是一個管理規範的公司，進而會提升他對我們公司的認同度。這意味著如果你成功服務了客戶，我們公司的目標也就實現了一半，所以你的工作非常重要，好好做啊。」

第二種說法：

行政經理拍拍老劉的肩膀，說：「老劉，好好做啊，這個工作很重要，反正是個人都能做。」

如果行政經理這麼說，老劉會做何感想？

現在公司裡有很多領導嘴上說這項工作很重要，但滿臉都是這工作誰都能做的神態，那就麻煩了。員工其實能感受得到的。

所以公司一定要把大的目標分到部門，然後再分到二級部門，再分到職位，最後轉化成工作計劃，而工作計劃也要繼續細化到季度、月度和周，層層落實。同時，每一級負責人都要與下屬員工認真溝通，讓員工的工作能夠跟公司的目標產生連線，展現員工職位工作的價值，這樣公司目標的達成才有保證。

Q9 我的同事們致力於高品質的工作嗎？

如果員工被公司接納了，而且工作能力和業績都不錯，他不但會挑主管，也會挑同事。如果他是一個會做事的人，他也會要求自己周圍的人是會做事的。

例如有的企業的部門經理能力好、業績好，也願意帶人，部門基本是蒸蒸日上、一團和氣的，一旦這個經理離開了，部門士氣往往會一落千丈，下屬也會陸陸續續離開。

所以，有能力的員工一般都希望和有能力的同事共事。當然，員工高品質的工作能增強團隊精神，繼而在整體上提高效率和改進品質。

Q10 我在工作單位有一個最要好的朋友嗎？

高品質的人際關係組成一個良好的工作場所，良好的工作場所會幫助員工建立對公司的忠誠度。公司往往關注員工對公司的忠誠度，然而，優秀的經理能意識到，忠誠度同樣存在於員工之間。員工之間關係的深度對員工的去留會產生決定性的影響。

舉個例子，公司裡有兩個女員工，關係很好，無話不說，像好朋友。其中有一個女員工被獵頭推薦到另一家單位，聊完之後發現待遇和職位都不錯。她會跟現在公司的朋友說有這麼一個機會，漲薪 30%，職位從主管晉升到經理，兩家公司的規模都差不多。那麼作為朋友，另一位員工一般都會說這是個好機會，一定要去，但說完這句話後也會感慨一句：「就是你走了之後，我在這家公司都沒人說知心話了。」準備跳槽的女員工晚上回家後思索朋友的話，一想對啊，雖然待遇提升了，但還需要適應新環境，也有風險啊，還是不去了。這是正常的想法。也有學員會說：如果是我，我就會帶我的朋友一起走。

當然，有些比較官僚的企業領導者是牴觸員工之間搞小團體的，害怕會威脅到自己的地位，所以會想方設法拆散他們，這與 Q10 是背離的。

Q11 在過去的六個月內，工作單位有人和我談及我的進步嗎？

員工往往並不了解他們的具體行為會表現得如何，他們需要從經理那裡獲得回饋來發揮才能和產生效益。優秀的經理常常會不斷地與員工進行工作交流。

一般外企每半年就會有一次上下級之間非常正式的績效溝通。績效溝通是上級基於下屬上半年的工作目標達成情況，和下半年的目標計劃做的一次談話，總結上半年哪些地方做得好，哪些地方還有待改進，下半年有哪些計劃目標。這是一種比較好的互動交流的方式，可以達成幾個目的。

- 一是對員工的認可。
- 二是階段性輔導。
- 三是提出更高的要求。

如果去做這個工作的話，效果會非常好，但是許多企業的經理人是非常忌諱做績效面談的，他們擔心萬一不歡而散怎麼辦？

經理人一定要注意了，績效面談是基於經營員工的目的去談的，無論是談員工的進步還是待提升的地方，都會幫助員工有一個階段性的自我認知，實際上是給員工照鏡子。

Q12 在過去的一年裡，我在工作中有機會學習和成長嗎？

成長是人類的天然需求。學習和成長的一個途徑就是尋找更有效的工作方法。對員工來說，只要有機會學習，就能更好、更有效地工作，獲得快速成長。這意味著員工希望知識經驗和技能一定要有提升。不管是上級輔導、企業內訓還是外派學習，至少要為員工創造這樣的機會。

這 12 個問題，每一個問題都與公司、各部門、各職位的日常工作緊密相關。難嗎？不難。但是真正能做到位的企業或者經理人、業務部門的主管，少之甚少。這些基本上都是中高階主管在常規的時間和規定的時間要做的事情，這些事情要麼是給下屬配備資源，要麼是輔導、鼓勵和發展員工。而筆者在真實工作訪談的時候，發現這些工作往往是被部門經理推給公司人力資源部門來做的。如果中高階主管不做這些規範動作，那麼團隊的建設和團隊人員的發展就沒有方向。

（三）敬業階梯

圖 1-6 所示的敬業階梯將 12 個問題分為 4 個等級，匹配的是亞伯拉罕．馬斯洛（Abraham Maslow）的需求層次理論，沒有包含最底層的生理需求，因為生理需求基本都能滿足。

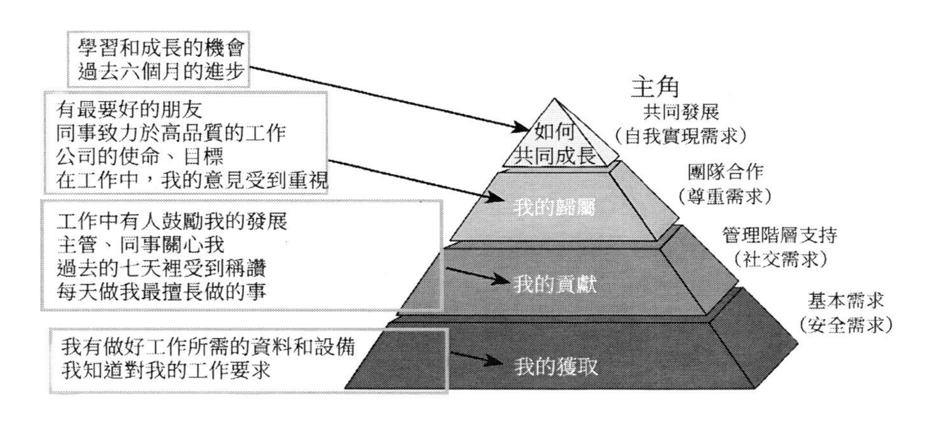

圖 1-6　敬業階梯

安全的需求對應的是測評法中的 Q1 和 Q2，員工需要知道工作的要求以及得到做好工作所需要的材料和設備。當員工獲得一個新職位時，他的需求是最基本的。他想知道企業對他有什麼要求，他將賺多少錢，他甚至也會很關心上下班的路途、是否會有一間辦公室、一張辦公桌乃至一部電話。此時，員工一直在想的問題是——從這個職位中我能得到什麼？

社交的需求對應的是測評法中的 Q3 至 Q6，員工需要和領導、其他同事有互動交流，企業需要有良好的企業文化氛圍，如果沒有，員工會感覺工作環境就好像缺氧一樣。並且員工要能夠在工作中感受到自己對團隊、對企業的貢獻。他想知道自己是否稱職，會向自己提出這樣的問題——「我在目前的職位上做得好嗎？別人認為我很優秀嗎？如果不是，他們又是怎樣看待我的？他們會幫助我嗎？」這一階段，員工的問題主要集中在「我能給予什麼」，他非常關心的是個人貢獻和別人的看法。這 4 個問題不僅能幫助員工了解自己是否能勝任現職（Q3），而且能幫助他了解別人是否看重他的個人業績（Q4），以及別人是否看重他的個人價值（Q5），是否打算對他的發展投資（Q6）。這些問題反映了員工關注的焦點是個人的自尊心和價值。

尊重的需求對應的是測評法中的 Q7 至 Q10，員工需要歸屬感，需要團隊合作，需要自己在工作中提出的意見得到重視。員工會問自己：「我屬於這裡嗎？」他也許是一個服務至上的人，但身邊的人是不是也都像他一樣，整天為客戶操勞；也許他的獨到之處是擁有無窮的創造力，但身邊的人是不是都在銳意創新呢？不管他有什麼樣的價值觀，攀登到這一階段，他真正想知道的是自己是否適應周圍的環境。因此，他會問自己前述 Q7 到 Q10 的問題，以測量自己的現狀。

自我實現的需求對應的是測評法中的 Q11 和 Q12。在這個階段，員工會急於看到每個人都有所提高。所以，他會問：「我們如何共同成長？」這一階段告訴經理們：唯有經歷了前面 3 個階段，才能卓有成效地進行革新。要進行革新，並把新點子用於實際，就必須關注正確的期待（第一階段，Q1 至 Q2），必須對自己的專長充滿信心（第二階段，Q3 至 Q6），還必須對周圍的人是否接受自己的新點子做到心中有數（第三階段，Q7 至 Q10）。如果他對上述所有問題不能做出肯定回答，他就會發現，要把所有的新點子用於實際幾乎沒有可能。最後的兩個問題就是用於測量第四階段（Q11 至 Q12）的效果的。

所以，從敬業階梯可以看到，雖然是日常工作，但是它滿足了員工不同的需求。如果這些需求都能得到滿足，說明企業對員工的經營做得非常好。

有資料顯示，員工敬業度高的公司與員工敬業度低的公司相比有以下不同。

- ◆ 員工的保留率將提升 13%。這就意味著公司不用大規模招人，因為優秀的人才都能留住。
- ◆ 生產效率提高 5%。如果是生產經營類的企業，這個數據是非常了不起的。
- ◆ 顧客滿意度增加 52%。如果企業能做好 Q12，把員工經營好，員工就會非常認可企業，從而善待企業的客戶。員工只要有這份敬業意識，客戶就能感受到溫暖，進而願意購買企業的產品和服務。
- ◆ 公司利潤高出 44%。敬業度實際就是態度，如果員工能夠改變態度，所創造的額外利潤是很大的。假設企業去年賺了 1 億，今年賺了 1 億 4 千萬元，企業拿出 2,400 萬元給這些敬業度高的員工發獎金，對員工來說，回報也提升了。

蓋洛普基於其多年來對優秀員工和團隊的研究經驗發現，在公司中，具有高敬業度的班組或團隊往往有以下特徵。

◆ 56%更有可能擁有高出業界平均值的顧客忠誠度。忠誠的顧客將為公司帶來長期、持續、穩定的發展。

◆ 33%更有可能創造高出業界平均值的利潤。這些工作團體將更有可能完成公司在經營業績上的期望：「最大可能地提高利潤率、股東權益和可持續發展。」

◆ 50%更有可能實現高於業界平均值的生產率。

◆ 44%更有可能擁有高於業界平均值的員工保留率。

Q12 是企業經理帶員工進行日常工作的過程，這個過程本身就是在經營員工。那麼我們要時刻問一問企業的領導者們：你們的 Q12 做得好不好呢？

三、如何成為一名值得信賴的主管

上面我們解析了 Q12，筆者在這裡總結一下企業主管與員工建立信任需要做的工作專案，歸納為以下六點。

1. 認可、執行、宣貫公司的價值觀。
2. 忠誠、擔當、具備學習意識和學習能力。
3. 做正確的事。
4. 具有可信的表達能力。
5. 能夠平衡自己的情緒。
6. 具有危機意識和成就意願。

(一) 認可、執行、宣貫公司的價值觀

下面筆者介紹一下企業文化模型，如圖 1-7 所示。

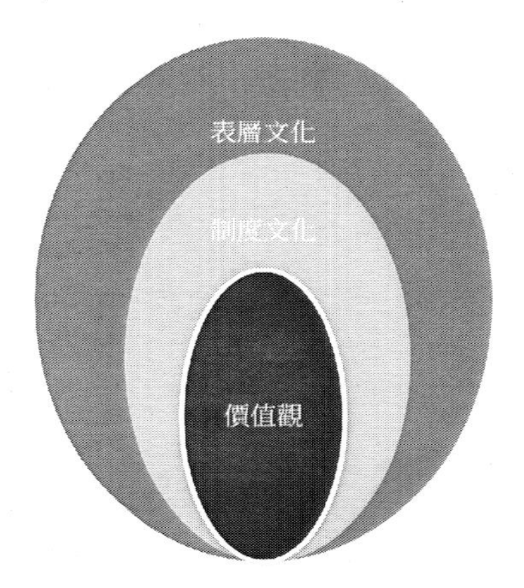

圖 1-7　企業文化模型

企業文化模型的核心是價值觀。價值觀是判斷是非對錯的標準，一個人的價值觀在 18 歲時就已經基本形成了，而且很難改變。如果員工的價值觀和企業的價值觀不一致，員工待在企業會很彆扭，因為其他人都認為對的事情，該員工認為是錯的，還不好直接表達出來。

很多企業的價值觀都會包含以人為本、創新、不違法犯罪等內容，這些價值觀的詞條不太適合做日常企業管理規範，單單憑藉文字、口號是很難讓企業文化落地的。筆者在 10 年的培訓過程中，只遇到兩三家企業能夠異口同聲地說出本企業的價值觀條目。如果企業中高層經理都不能準確說出本企業的核心價值觀，說明企業的價值觀只是個形式，也意味著企業文化的核心是一個空洞。這樣的企業在經營的過程中往往容易犯一些低階的錯誤。

所以，企業文化落地需要搭建企業文化模型的第二層 —— 制度文化。制度流程包括行為規範和流程規範。

行為規範。符合熱爐法則 (Hot Stove Rule)，企業建立管理約束機制後，如果有人違反組織紀律，就會受到嚴厲的懲罰。這就像你用手觸碰燒熱的火爐，會燙得立即將手縮回來一樣。此後再遇到火爐，會盡量避免觸控 (這一效應的實質是在「人 - 組織規則 - 懲罰」間建立的一種條件反射機制)。流程規範分為 5 個部分。

◆ 第一部分是總則，包括原則、目的、適合的群體。

◆ 第二部分是職責，涉及部門和人員，以及部門和職位的具體職責。

◆ 第三部分是流程，包括實施步驟、責任人和時間安排。

◆ 第四部分是獎懲，即做得好會獲得的獎勵，做得不好會受到的懲罰。

◆ 第五部分是附則，一般是一些固定的表格。

這裡需要強調的是，獎懲的依據是企業的價值觀。制度流程是需要遵照執行的，只有這樣才能保證價值觀落地。例如某公司的績效考核中有 50%的權重是考核價值觀。每一個價值觀分為 5 個等級，並配以每個等級詳盡的描述，如果第一個等級做不到，那麼其他 4 個等級肯定也做不到。員工不僅要對每個等級打分，還要對過高和過低的分數附上具體的行為事例，按照「STAR 原則」呈現。

企業文化的落地必須要做制度文化建設，並且與價值觀緊密相關。如果價值觀不統一，會造成部門間、職位間的衝突，也會造成員工工作的混亂，變成桌面上一套文化，桌面下一套文化的局面。

企業文化模型的第三層是表層文化，例如企業的 LOGO、小禮品、裝修風格等。再看第一條的內容：認可、執行、宣貫公司的價值觀，這是 3 個層級的概念。

先說認可公司的價值觀，舉個例子：如果公司為了規範管理，新釋出一項管理制度：考勤統一採用新型網路平臺。有部分經理和員工都反對，那就說明他們不認同企業的制度，不認同制度就是不認同企業的價值觀。那這樣的人留在企業內是有風險的。

認同了企業的價值觀之後，還需要認真執行。凡是公司價值觀、制度規定的東西，中高階主管作為企業的一員都應該尊重並執行，不能陽奉陰違。因為員工很聰明，不但會關注主管的語言表達，更會審視主管的具體行為。只有領導認可了，並且做到了企業文化要求，員工才會主動跟隨。

宣貫意味著中高階主管要時刻向員工傳遞企業的價值觀，如果有可能的話，中高階主管講解公司的文化要給員工理解。作為下屬的導師，中高階主管要有意識地傳播、指導公司的文化。

（二）忠誠、擔當、具有學習意識和學習能力

對企業忠誠就是對領導忠誠、對老闆忠誠，不能一邊拿著老闆給的薪水，一邊說公司不好。

很多企業都有這種情況：吃完午飯，兩個人散步通常說同部門第三個人不好，三個人散步說其他部門不好，五個人以上散步說公司不好。這裡就存在不認同價值觀的問題。認同企業的價值觀、對企業忠誠是對專業經理人最基本的要求，如果做不到對所在企業的忠誠，不如換一家公司上班。

擔當意味著要勇於承擔責任，不能遇到榮譽就搶，遇到責任就閃，但凡這樣做幾次事情，你在老闆心目中的形象就大打折扣了。工作中可做可不做的如果不做，那麼年底老闆可給可不給的就不會給。

學習意識是說每個人都要有學習的意願。其實學習的意識大家都有，就像很多家長哪怕一個月賺 1 萬元，也恨不得拿出 9,900 元替孩子報名補習班，因為家長知道學習重要。

如果員工的價值觀沒有問題，那麼造成人與人之間差距的最大原因就是持之以恆的學習能力。我們從大學畢業到步入職場，在前 5 年，同學間的差距還不會很明顯，但到了 5 年以後，尤其是 10 年後，有的同學已經成為企業的高管或者自主創業，年薪百萬，而有的同學仍然是普通的職員。所以一個人的成功除了擁有把握機會的能力外，最重要的就是學習力及多年始終如一的堅持。

有一個經典的故事。

有兩個和尚分別在相鄰的兩座山上的廟裡修行。兩山之間有一條溪流，兩個和尚每天都會在同一時間下山去溪邊挑水。久而久之，他們便成了好朋友。

彈指一揮間，不知不覺，一晃就是五個春秋。 忽然有一天，左邊這座山上的和尚沒有下山挑水，右邊那座山上的和尚心想：「他大概睡過頭了。」哪知第二天，左邊這座山上的和尚還是沒有下山挑水，第三天也一樣，過了一個星期，還是如此。直到過了一個月，右邊那座山上的和尚，終於按捺不住了。他心想：「我的朋友可能生病了，我要過去探望他，看看能幫上什麼忙。」於是他便爬上了左邊這座山去探望他的老朋友。

等他到達左邊這座山上的廟，看到他的老友之後，大吃一驚。因為他的老友正在廟前打太極拳，一點也不像一個月沒喝水的人。他好奇地問：「你已經一個月沒有下山挑水了，難道你不用喝水嗎？」左邊這座山上的和尚說：「來來來，我帶你去看看。」於是，他帶著好友走到廟的後院，指著一口井說：「這五年來，我每天做完功課後，都會抽空挖這口井。雖然我們現在年輕力壯，尚能自己挑水喝，倘若有一天我們都年邁走不動時，我們還能指望別人給我們挑水喝嗎？所以，即使我有時很忙，但也沒有間斷過我的挖井計劃，能挖多少算多少。如今，終於讓我挖出井，我就不必再下山挑水了，我可以有更多的時間，來練習我喜歡的太極拳了。」

在工作上，我們賺薪水就像是挑水，但我們也應該把握下班後的時間，挖一口屬於自己的井，培養自己另一方面的實力，給自己多鋪一條路。這樣當我們年紀大了，即使體力拚不過年輕人，我們依然還會有水喝，且源源不斷，而且還能喝得很悠閒。

企業在經營時，是否也要為自己「挖一口井」呢？培養新人，給未來投資，這何嘗不是企業長遠發展之「井」呀！

（三）做正確的事

領導是做正確的事，而管理是正確地做事。領導要有創新意識，引導員工往正確的方向前進，不用擔心出錯，要勇於採用新方法、新思路。假如第一次跟員工提出要嘗試新方法，即使剛開始員工不願意，也要堅持說服員工，只要員工感受到效率的提升，他們也會努力嘗試新方法。

（四）具有可信的表達能力

作為業務部門的領導者，說話要具備感染力，一個合格的中高階主管不但會工作，還能說服下屬一起工作。可信的表達能力可以造成事半功倍的效果。

（五）能夠平衡自己的情緒

中高階主管可以發火，但不能情緒化。如果主管有事沒事都在部門內大吼，這會對員工的心理帶來巨大的影響，令員工時時刻刻處於恐慌的狀態，員工就會有上班很煎熬的感覺，從而增加員工離職的機率。假使員工也情緒化，這就很容易引發一些衝突。控制情緒是人成熟的標誌，也是對合格領導者的最低要求。

（六）具有危機意識和成就意願

缺乏危機意識，就會缺乏學習的意識，甚至不認同企業的價值觀。員工與企業的價值觀是否吻合很難判斷，但是符合價值觀的行為是可以看到的。員工如果有危機意識，他就願意做出符合企業價值觀的行為。

員工如果缺乏危機意識和成就意識，那麼對於企業的依賴就變成了生存性依賴，一旦大環境發生變化，企業或者現在從事的職業消失了，這些員工就失去了再就業的能力。人最舒服的狀態是憑本事吃飯，即不依賴任何一家單位，哪怕做自由職業，生活得也會很幸福，賺的比原來還要多，工作時長還短，這種狀態是憑本事吃飯。而實現這樣的狀態，一定是人們在工作的前 10 ～ 15 年的時間，加班加點，認認真真完成工作，同時要抓緊時間學習，不斷提升自己。只有這樣，後半程的職業生涯才會走得比較從容。而經理只有願意成就自己，才會願意幫助他人、成就他人。

成為一個值得信任的主管，首先要積極向上，要能夠引導部門的員工共同成長，否則就會耽誤員工，耽誤公司的發展。

四、中高階主管的人力資源責任

(一) 中高階主管的部門管理職責

一般情況下，中高階主管的工作包括管人和管事兩大類，包含 6 個方面，如圖 1-8 所示。

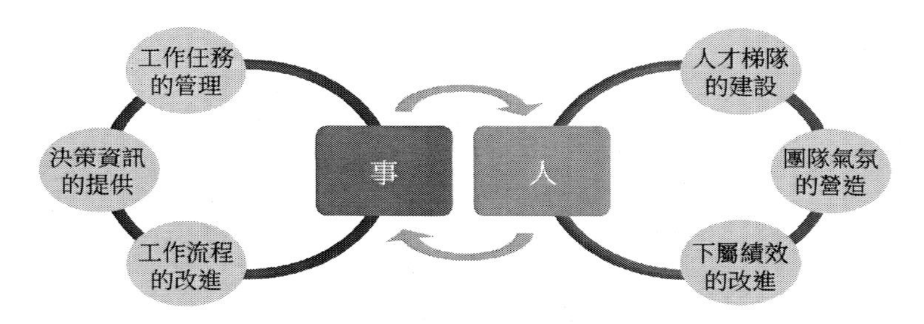

圖 1-8　中高階主管的職責

1. 管理工作任務

每個公司都是基於願景和策略制定年度計畫目標，再將目標分解到一級部門、二級部門和職位，再轉化成工作計劃，分到季度、月度、週。在員工看來，週計劃就是領導指派的具體的工作任務。

經理不僅要擅長往下分配工作，還要要求員工主動回饋工作的完成情況，如果員工不回饋，經理要做工作任務跟催，保證本部門工作目標的達成。

2. 提供決策資料

在企業中處於什麼位置，決定了你擁有什麼資源和資料。所以一方面經理要向上提供上級領導所需要的資料，另一方面要將上級傳達的決策資料或工作任務，向下回饋給員工，這樣才能保證決策流程的順暢。

3. 改善工作流程

經理一般分為 3 個等級。

第一個等級是會做事，但是不能帶人，不知道怎麼管理下屬。第二個等級是會做事，還能把工作流程寫出來，還能基於工作流程安排工作。如果工作流程已經存在了，他能夠根據工作經驗和實踐，改善流程。第三個等級是會做事，也會做流程改善，不僅如此，還能將流程技能化，並培訓和輔導其下屬更好地展開工作。這是當前經理人的發展趨勢之一，即經理人的「內訓師化」。未來企業一定是業務技能由內部員工來培訓，通用技能找外部講師培訓。工作流程的改善，不但能夠提升效率，也能創造價值。

4. 人才梯隊的建設

基於部門或本單位的工作目標，需要配多少職位，每個職位配多少人，每個職位配具備什麼樣的工作能力或者工作水準的人，這些都需要經理根據公司的用人政策規劃和設計部門的職位需求。

如果公司對用人標準沒有特別要求，那就根據經理個人的用人情況選擇，是選一個水準高的員工，多給一些待遇，還是選幾個水準一般的員工，給少一點錢，由經理自己決定。

每年工作結束後，經理要做人才盤點，哪些人需要做技能提升，哪些人需要做領導力培訓，哪些人需要裁掉，剩下的職位要招多少人，招什麼樣的人，花多少錢招，這些內容經理一定要梳理清楚，為後續的工作打好基礎。

5. 團隊氛圍的建設

企業都有企業文化，到了部門還有部門的次文化。說白了，部門經理什麼樣，部門就什麼樣。如果經理是個「咆哮帝」，部門裡的人總膽顫心驚，很可能大家一天都說不了幾句話。如果經理職業化程度很高，也願意帶人，部門員工即使加班加點也願意，因為身體雖是疲憊的，但心情是愉悅的。當下的年輕人都很喜歡成長型的團隊氛圍，既能做事，又能不斷提升技能，獲得自我成長。

6. 下屬績效的改進

前文講到 Q11 時提到，經理每半年要做績效回饋。給員工績效回饋的目的是表揚員工做得好的事項，輔導員工做得不好的內容，提出改進的方式，讓員工在工作的過程中有獲得感，具體包括兩個部分：一個是技能的提升，另一個是收入的提升。

（二）中高階主管的人力資源責任

中高階主管的人力資源責任歸納起來包含 6 個方面的內容，也叫員工管理的核心 6 任務。

1. 選擇人

理清職責，有效應徵。職位職責要清晰，公司職位說明書要根據每年的年度計畫目標進行改善改善和更新，如果用 10 年前的職位說明書招人，多半招來的人都是來「渡劫」的，降低了應徵的準確度和職位的匹配度。

有效應徵包括內部應徵和外部應徵。如果從鼓勵企業員工的角度看，內部應徵要多做，打通了內部晉升的通道，員工的獲得感會增加，並且願意留在公司。

2. 要求人

制定目標，委派授權。選擇完人後，一定要配上合適的工作目標計劃給員工。經理分配工作給下屬也有兩種形式，一是委派，二是授權。委派是指同一職位有好幾個人，要分配給誰做；授權是指屬於主管自己的工作，或者模糊地帶的工作，直接授權誰來做。

3. 輔導人

在職授能，有效改善。在實際工作中，業務經理要帶著下屬一起工作，把人給帶出來，在工作職位中實踐是帶人最有效的方式。員工能夠獲得成長，員工自學和內部培訓占 30%，而在職輔導占 70%。尤其需要強調的是，目前在職員工的需求，絕大部分是輔導而不是重新學習。

4. 鼓勵人

及時讚賞，正向回饋。有的時候員工雖會做事但不太願意做事，覺得沒什麼意義，做多做少都一樣。當出現這種情況時，中高階主管應先了解清楚原因，了解員工的真實需求，再給予員工鼓勵，該表揚就要表揚，該獎勵也要獎勵。鼓勵一定要及時，多做正向回饋，少做負向鼓勵。

5. 評估人

肯定進步，面向未來。人是中高階主管招來的，分配工作給員工之後，不會做的工作要輔導他，工作做得好就表揚他。到了評估環節，如果打了「C」(評分等級自高到低為 A、B、C) 下屬不認同，說明這就不是你的兵，要趕緊調整。評估的目的不是打分，而是給員工做一個客觀的評價。肯定員工上一個階段的進步和取得的成就，同時對他工作不足的地方或能力不足的地方，提出提升的要求以及改進的方法；也要告訴員工，有問題隨時溝通，你會提供輔導，有情緒時隨時找你，你也會耐心傾聽或提供支持。

6. 保留人

保障配置，保留空間。如果上述工作都做好了，就要保留人了。例如核心員工，要盡量保證其各項配置都齊全。如果是和員工談離職，也要談不是因為他不好，也不是公司不好，而是因為他在這裡發展會受限，所以可能需要一個更好的空間，將來到其他單位的時候，可以給他寫推薦信。

這就是中高階主管的人力資源責任。

職場感悟

——如果你是部門主管，員工不尊重你，處處和你作對，你該怎麼辦？

經理的員工管理核心 5 任務：

1. 選擇人——理清職責　有效應徵
2. 要求人——制定目標　委派授權
3. 輔導人——在職授能　有效改善
4. 鼓勵人——及時讚賞　正向回饋
5. 評估人——肯定進步　面向未來

一、選擇人

如果你是部門經理，那麼部門人員的編制和人員具體的工作安排是你的本職工作。每年年底你需要根據公司的年度目標，制定本部門的人員編制計畫。同時梳理出待應徵職位的職位說明書。

具體的應徵工作，可以依據公司的應徵習慣開展內外部應徵。當然，無論用哪種方式，都需要嚴把品質關。

如果員工不尊重你，那麼在每年的年底做人力規劃的時候，可以把不服從管理的員工列入淘汰名單。或者申請人力資源部門把此人調到其他部門。如果你不喜歡此人，而對方也不尊重你，那麼你不把他調走，一定是公司管理不規範，或者是雙方都有相互折磨的毛病。

二、要求人

把人員透過內外部的應徵管道應徵到位後，就需要按照其職位職責為其匹配合適的工作任務，避免出現冗員和效率低下的問題。

布置任務的方式有委派和授權兩種形式，委派的工作屬於員工職位職責範圍內的工作，經理要根據自己的管理習慣看一下應該派給哪一位員工。授權的工作是員工職責範圍外的工作，經理要慎重授權，因為授權不授責。

所以從這個角度看，經理可以透過委派和授權讓不尊重自己的員工邊緣化。

三、輔導人

經理把員工應徵到職位後，如果員工能力尚有欠缺，那麼需要經理在工作開展過程中，有計畫地培養和輔導下屬，讓其具備基本的實操技能，這樣可以保證工作的順利開展。員工的職位技能是透過做事修煉出來的，目前在職的大多數員工，缺的可能不是培訓，而是在職輔導。

這個環節，如果經理和員工意見相左，則繼續邊緣化他即可。

四、鼓勵人

員工工作一段時間以後，有可能會出現工作熱情不足的情況，雖做事但興趣不高。這個時候，經理需要跟員工面談，了解員工需求，同時做必要的鼓勵。鼓勵的方式有誘因鼓勵法、恐懼鼓勵法和人性鼓勵法。經理根據實際情況選擇就好。如果員工都不尊重你，那就沒有必要去鼓勵了。

五、評估人

部門的人員是經理應徵過來的，工作是經理安排的，員工不會做，經理去輔導，員工不願意做，經理去鼓勵。那麼在績效考核的時候，員工的成績也自然而然就出來了。

如果費了那麼大的功夫，員工還不接受考核結果，此人就可以開除了。

第 2 堂課
選擇人 —— 理清職責　有效應徵

員工加入的是公司，離開的是經理。

員工是因為公司比較好，才加入公司的。一家規模大，從業人員超過了 1,000 人的企業，基層人員離公司的老闆是很遠的。所以對於員工來講，自己的直屬上司（中高階主管）就是公司負責人，如果上級對員工不好，那麼員工每天上班就會很掙扎，時間久了心態就會崩，有可能會變成「老白兔」或者乾脆選擇離職。

同樣，中高階主管要基於部門職責和工作重點搭建合適的團隊。而團隊的規模和團隊成員的素養如何界定，是他們必備的技能。

本章節學習內容。

- 你最想聘用的員工的特質
- 人職匹配的三個層次
- 如何組建部門
- 如何應徵人

這一堂課主要介紹中高階主管如何選擇人，如何明確職位職責，做有效應徵，最終達成組建高績效團隊的目的。

一、你最想聘用的員工的特質

業界有個不成文的慣例：如果企業人員規模是在 300 人以內，那麼每應徵一名員工，公司老闆都需要參與面試。因為老闆是企業行走的價值觀，務必要在面試的階段就讓候選人真實了解到本企業核心的價值觀是什麼。同時也讓老闆對入職人員有個初步的了解，畢竟公司的前 300 名員工，如果能夠留下來的話，會是公司的種子選手，將來這部分人會成為公司的管理核心和技術主力，會是公司文化和價值觀的堅定傳播者。同樣的道理，部門組建之初的員工，如果選拔準確，培養得當的話，一定會成長為本部門、本企業的核心力量。

企業應徵面試通常會有三關：人力資源部門、業務部門和老闆。有些公司的面試甚至有四關，目的是合理分工、嚴格把控、保證應徵的準確度。

筆者授課時會設計一個小的腦力激盪：學員分小組，給大家 3 分鐘的時間，寫下你最想聘用的員工的特質。寫得最多的組會有獎勵，進而激發出學員的鬥志。曾經在一個學員單位，有個小組寫出了 61 個最想聘用的員工的特質。

在各學員小組分享完畢後，筆者會問他們：在候選人數量充足的情況下，每一個面試官是不是都會有一些自己偏好的問題呢？大家都表示認同。如果按照通用的選拔標準來試一下：第一，外表好看，基本能篩選掉 50%；第二，能喝酒，篩選掉 25%；第三，人品好，篩選掉一半僅剩 12.5%；第四，任勞任怨，基本就剩下 6.5%。

倘若企業沒有統一的用人標準，面試官面試的時候就會根據個人偏好提問，假設每個面試官在面試的時候都有那麼兩三個關注的偏好特徵，企業需要三輪以上的面試，那就會有 6 個偏好特徵，基本上就是百裡挑一，應徵人的難度就加大了。

那到底企業需要應徵什麼樣的人呢？或者說候選人需要具備什麼樣的特質呢？

在課堂上，筆者會給學員看一段幾分鐘的影片《乞丐與美女》。影片講的是一個有高素養、高技能的乞丐跟一位美女探討乞討技巧的對話，會涉及客戶群體的 SWOT 分析、乞討的時間分析、機會分析、乞討態度、生活理念、工作理念等。看完影片之後，筆者請學員說出影片中的乞丐是不是一個優秀的乞丐，以及這名乞丐作為優秀乞丐的特質有哪些。一般情況下學員至少會總結出 10 項，多的能總結出 20 項。

透過影片，筆者總結出優秀員工的以下三個特質。

(一) 深刻了解工作的本質

職位應徵的目的是承擔職位工作，這個人要懂這些工作應該怎麼做，所以需要候選人深刻了解工作的本質。在面試的時候，面試官發現候選人非常懂行，如果中高階主管是現場的面試官，會發現候選人甚至比面試官都還精通業務，面試官就會眼前一亮，恨不得把這個人以企業能夠付得起的這個職位的最高薪酬招過來。

筆者常說的候選人不行，實際上多數情況下說的就是候選人不太懂業務。

(二) 良好的心態

這個特質當今社會上很多人都有欠缺，要麼生理上不健康（亞健康），要麼是心理上不健康（抗壓性低）。所以若應徵到的候選人有正能量或者心態好的話，是不是就很幸福？在企業內這樣的員工多的話，我們想一想：一群很有正能量、很溫暖的人在一起，部門的氛圍會不會讓人感覺很舒服？

一般情況下在面試的時候會發現，如果候選人有良好的心態，聊的時候會讓人感覺很舒服，遇到這樣的人即使要花的代價高一點，也要把他招過來，這樣比較利於團隊力量的凝聚。

如果是心態不好的員工，可能會做出一些極端的行為，這會對部門主管和其他同事心理上造成陰影。

（三）較高的智商和情商

智商高的人能更深刻了解工作的本質。有學員問：「老師，智商怎麼面試？」現在面試的時候不可能會測智商，如果企業測試候選人的智商的話，候選人可能因為不滿而轉身就走，他會覺得這個公司不太正常。但是企業可以透過一些輔助的條件來進行評測，比如，企業可以招第一學歷是大學畢業的人。第一學歷是大學的就能保證智商不會很低，一般考大學的時候，除極個別人能超水準發揮，或者極個別人發揮不好，多數人還是正常發揮的。所以透過有大學畢業的要求，可以達到評測候選人智商的目的。當然，如果在面試的時候發現有的人反應遲鈍、語言表達能力差就可以直接篩掉。

再就是情商。若說智商高的人會做事，那麼情商高的人是不是會當領導啊？筆者工作過的企業的一位主管曾經說過：「情商高就是『你裝，我裝，他也裝』，裝到職位達到最高後就不用裝了。」跟情商高的人一起工作，他的樂觀心態會帶動你，共事的時候會很舒服。

所以企業最想聘用的員工的特質，基本上就是三個：深刻了解工作的本質、良好的心態、較高的智商和情商。其他的特質都是圍繞著這三個去展開的。中高階主管一定要明白一個道理：應徵來的員工是來做事的，如果員工會做事，還能開開心心地做事，就是最好的。不能羅列一些苛刻的要求給 HR，致使他們應徵時無處下手，比如有的業務部門提的要求中有：身高、三圍、體重、聲音等，對一個軟體開發工程師的職位做這些要求做什麼？

二、人職匹配的三個層次

深刻了解工作的本質、良好的心態、較高的智商和情商這三點貌似簡單，實際上要想在工作中應用自如，對面試官的功力要求還是很高的。在這裡再給中高階主管分享一個更加直觀的應徵面試的方法 —— 人職匹配的三個層次。

- 人與職位本身的匹配。
- 人與部門經理的匹配。
- 人與公司的匹配。

（一）人與職位本身的匹配

人與職位匹配基本可以用三個詞概括：知識、經驗和技能。面試的時候，如果候選人學過、做過，能力上就可以勝任擬應徵職位的工作了。知識、經驗和技能匹配職位工作要求即可。

例如在面試中，面試官通常會問幾個問題。

◆「你學的是什麼領域？」這是衡量知識水準。

◆「這個工作你會做嗎？」這是衡量技能水準。

◆「這個工作你做了幾年了？」這是衡量經驗水準。

一般企業面試的時候，發現具備知識、經驗和技能的候選人就可以聊薪酬待遇和入職的事項了。那麼怎樣保證候選人能夠在企業內長久留下來呢？一般筆者在課堂上問這個問題的時候，學員們都會說：不一定。可是問大家為什麼不一定的時候，大多數人會很困惑地搖頭。有過一個比較真實的統計數據，企業的員工離職有 50%以上發生在試用期。導致員工離職的原因除了人職不匹配，還有下面要說的另外兩個層面。

(二) 人與部門經理的匹配

中高階主管在招人之前要先對自己的人際風格有個基本認知。員工離職很大的比例是因為經理的原因，所以候選人和經理的風格匹配很重要。畢竟若在候選人的整體素養不是很高的情況下，讓中高階主管去包容一個個性完全不同，甚至意見總是相左的下屬是非常困難的。最好的方式是為中高階主管匹配同類型的下屬，因為實踐經驗告訴我們，什麼樣的領導帶什麼樣的兵，同類型的人，在工作中更容易合作融洽。

舉個例子，比如把人分為老虎、孔雀、貓頭鷹、無尾熊和變色龍五個類型。假設部門經理是貓頭鷹型的，而他的下屬是孔雀型的，那就該有問題了。一般，貓頭鷹型的領導要求都很嚴、很細，他稽核下屬的檔案，能細緻到錯別字和標點符號。做任何事情，如果沒有計畫和方案，他一定會按兵不動的。

公司組織年會，專案由貓頭鷹型經理的部門負責，貓頭鷹型經理把這個工作安排給孔雀型下屬。

孔雀型下屬馬上說：「主管，我現在就有一個好主意，我來彙報一下。」孔雀型下屬說完之後，貓頭鷹型經理說：「可以，你寫個方案吧。」

孔雀型下屬就回去工作了，半個小時後他來敲門，說：「主管，我又有了一個更好的主意，我彙報一下。」這時候貓頭鷹型經理就會在心裡嘀咕：第一個方案還沒形成呢！但為了不打擊下屬的積極性，他會說：「你說說吧。」孔雀型下屬說完之後，貓頭鷹型經理說：「你先寫個方案，完了之後我們再討論。」孔雀型下屬就走了。

中午吃飯，正排隊，貓頭鷹型經理就看到孔雀型下屬過來了，孔雀型下屬說：「主管我又有了一個極佳的主意！」聽到這句話，貓頭鷹型經理大概就會崩潰了。

有很多員工在離職時都會說離職原因是跟自身發展有關，但實際有數據顯示，50%以上的員工離職是跟其直屬上司相關。所以人和部門經理的匹配，一定要考慮到經理的風格。

（三）人與公司的匹配

一般情況下，知識、經驗和技能具備的人可以勝任職位工作，可以應徵進來，如果候選人風格跟部門經理匹配當然更好。但是從企業留人的實際情況來看，真正把人留下來靠的是候選人跟公司價值觀的匹配。如果候選人價值觀跟公司價值觀不匹配，那麼候選人很難長久留下來。有些企業價值觀模糊，主要表現為桌面上一套，桌面下一套，在應徵的時候用的是桌面上的那一套，工作中用的是桌面下的那一套，這就人為地造成了應徵錯誤。

當企業公布新的制度時，有的員工會抱怨、不願意執行，這就是價值觀不一致的表現。如果員工價值觀跟企業一致，遇事的時候，即使聯繫不上自己的主管，他也敢拍板，因為他認為如果自己的主管在，他也會這樣去做的；如果員工價值觀和公司價值觀不一致，遇事的時候，如果聯繫不上主管，員工就會選擇等待，因為這樣風險最低，但無形中會錯失了最佳的時機。

有些時候，一個部門調來一位新的主管，員工即使不被上級待見，也會選擇忍耐，因為他感覺自己是公司的一分子，說不定熬一陣子，就又換一位好主管了呢？

所以在應徵時，一定要考察候選人的價值觀是否和企業的價值觀吻合。

因此，從這個角度上看，人與職位的匹配、人與部門經理的匹配、人與公司的匹配，對企業選拔人才都非常重要。在面試的過程中，一定要分別從這三個層級考察候選人，否則招來的人很有可能是不符合期望的。

三、如何組建部門

中高階主管在組建部門的時候應該考慮以下兩個問題。

1. 部門人員編制是多少？
2. 人員編制的依據是什麼？

每年年底、年初，人力資源部門會組織做人力資源規劃，涉及人員數量的規劃、結構的規劃、培養計畫和費用預算等。不管你是高管還是公司中層經理，都要有會算帳的意識，你管理一個公司就把公司當作自家的公司來經營，你管理一個部門也要把部門當作自己家的公司來經營。如果人人都有老闆意識，都學會了算帳，那麼就不會出現人人都覺得自己部門編制不夠的情況了。

筆者在課堂上會問學員，人員配置的依據是什麼？大多數人的回答都是，老闆定的或者上級定的。而他們作為中層經理基本上沒有參與其中，甚至有些高管也弄不清楚到底該怎麼確定人員編制，私下會說就是單純根據以往的經驗確定的……

實際上，人員編制是有流程和依據的，見圖 2-1 配置流程。公司配置預算的源頭是公司長期策略，同時要結合年度計畫目標來設計。只看年度目標是不夠的，還要考慮企業策略的長期性，例如有的公司採用的是擴張性策略，配置要有適當的冗員；有的公司較穩定或處於下滑期，配置就盡量避免冗員。

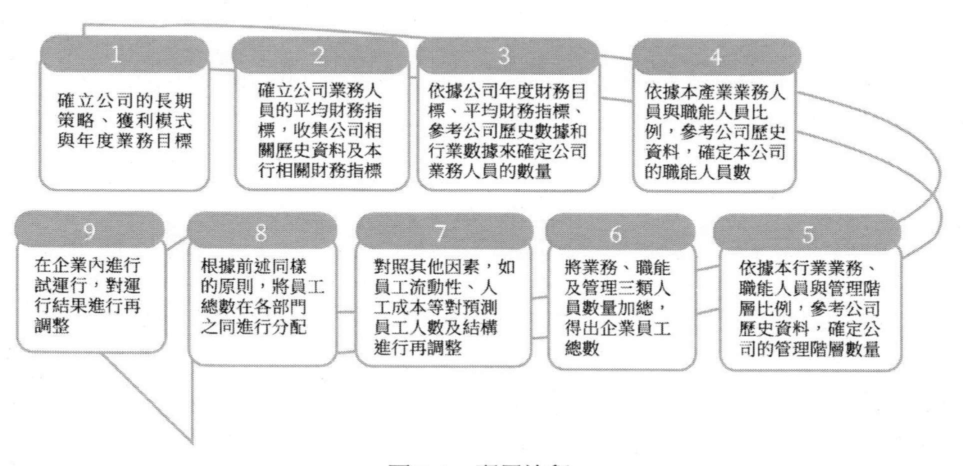

圖 2-1　配置流程

(一) 人員配置流程

1. 明確公司的長期策略、盈利模式和年度業務目標。

首先要明確公司的策略是什麼，公司是怎麼賺錢的，年度業務目標有哪些。

2. 確定公司業務人員的人均財務指標，收集公司相關歷史資料及本行業相關財務指標。

這一步是要看一下公司銷售人員的人均財務指標是多少，可以是工作量指標，也可以是價值量指標。工作量指標可以是銷售收入，也可以是產量；價值量指標可以是毛利潤或者淨利潤。收集這些指標，要看過去兩三年的情況，本公司業務人員的平均水準是多少，同時還要看一下同行業的水準。如果同行業水準都比本公司低，那麼就以本公司為主；如果同行業水準都比本公司高很多，則需要制定一個提升能力的計畫，逐步追上同行業水準。

如果是傳統企業，建議依據淨利潤；如果是網際網路企業，建議依據人均銷售收入。

3. 依據公司的年度財務目標、人均財務指標，參考公司歷史資料和行業資料來確定公司業務人員數量。

這一步是計算業務人員編制數量。第一步已經明確了公司業務目標，業務目標可以是價值量（如利潤），也可以是工作量（如銷售收入和產量），第二步明確了業務人員的人均財務指標，將兩者相除就能得到公司的業務人員數量，當然也要參考歷史資料和行業資料。

如果公司效率高，就以公司的數據為主；如果公司效率不高，建議結合行業資料做適當的調整。

4. 確定業務人員數量之後，依據本行業業務人員與職能人員比例，參考公司歷史資料，確定本公司的職能人員數。

簡單地說，就是企業由第三步計算出來業務人員的編制數量，為了保證業務人員的工作能有效開展，要進一步確定有多少職能人員給這些業務人員做支持服務工作。

這一步使用的是比例關係，即本行業、本公司過往的業務人員和職能人員的配比關係，這要看公司的歷史資料，還要看行業資料，以此來確定一個合理的比例，將職能人員數量確定下來。

5. 依據本行業業務、職能人員與管理人員比例，參考公司歷史資料，確定公司的管理人數。

業務人員和職能人員數量確定之後，如何有效地讓這些人員開展工作，管理順暢，需要設定數量合理的管理人員。這需要參照公司以往管理人員的管理幅度，同時要參考行業資料，按照比例設定即可。

6. 將業務、職能和管理三類人員數量彙總，得出企業員工總數。

到這一步為止，合理的公司總員工數量就確定出來了。

7. 對照其他流動因素，如員工的流動性、人工成本等，對預測員工人數和結構進行再調整。

業務、職能和管理人員數量確定之後，預測一下企業年均流失率是多少，退休了多少人，晉升了多少人，還有人工成本的硬性約束是什麼。同時，要對企業當前的發展策略做一個判斷，是擴張策略、穩定策略還是收縮策略，在這一步對人員總量做一個適當的冗員或者緊縮，既保證合規性，又保證公司的策略目標能達成。

8. 根據前述同樣的原則，將員工總數在各部門之間進行分配。

前面談到了業務人員和職能人員配置的原則和方法。同樣，在一個部門內部也有主要職位和輔助職位。按照前述原則配置好主要職位和輔助職位人員數即可。

9. 在企業內進行試執行，對執行結果進行調整。

做好以上八步後，就可以在企業內進行試執行，並在執行時做相應調整。

配置的這九步流程，旨在說明公司要做這些工作，應該需要多少業務人員，要參考人均財務指標和公司年度計畫計畫目標，兩者相除就出來了；然後公司需要多少職能人員，就是要把這些業務人員服務好，公司應該有多少職能人員；依據管理幅度，業務人員和職能人員有效開展工作各需要多少管理人員。同時要參照一些行業的波動，或者本公司的實際情況做一個預測。總而言之，就是說公司今年有這麼多的計畫目標，要達成目標應該設定幾個部門，這些部門應該設定多少個職位，每一個職位應該配置多少人員，這就是配置安排人力的流程。

部門內部的配置是中高階主管的本職工作，中高階主管在制定目標之後，就要做達成目標的資源配置工作，人員編制是其中的重中之重。

四、如何應徵人

公司和部門的配置工作結束後，剩下的就是組織應徵工作了，這裡主要講外部應徵的問題，因為關於內部應徵，各個企業都有自己的管理流程，中高階主管依據流程操作就好了。關於內部應徵，中高階主管最需要做的就是下屬員工的輔導和鼓勵工作，然後做好內部推薦即可。

(一) 應徵什麼樣的人員

前面講過人職匹配有三個層次：人與職位的匹配、人與部門的匹配、人與公司的匹配，應徵到的候選人至少要符合這三個要求。另外還需要候選人能做事、心態正常，情商和智商較高。但是這些要求最終還是要落實到應徵職位的職位說明書上，所以，作為應徵依據的職位說明書，務必要設定得很可靠才行。

筆者線上下課程中，一般會安排學員撰寫自己所要應徵職位的職位說明書，從結果來看，工作職責大家基本都能寫出來，但任職要求部分寫得很不規範，內容五花八門。如果拿著這樣的職位說明書去應徵員工，相當於大浪淘沙，招不招得到全靠緣分。所以在應徵面試前，中高階主管一定要更新擬聘的職位說明書。職位說明書最理想的版式是先將工作職責部分蓋住，只留下任職要求部分，依照任職要求羅列的條件應徵能夠勝任工作職責的人。

大多數中高階主管把應徵職位的職位說明書的任職要求部分擬定之後，基本上不會再去改善，或者迫於 HR 的壓力隨便搞了一版職位說明書應付差事，真正應徵的時候再看緣分，這些做法都會增加企業的應徵成本。筆者在這裡著重說一下任職要求的設計，請中高階主管們務必重視。

按照筆者實際的工作經驗，可以把任職要求分為 4 個項度：基本條件、工作經驗、知識技能和素養能力，裡面總共有 16 個要素。

接下來，筆者詳細介紹一下任職條件的 4 個項度及 16 個要素，如圖 2-2 所示。

能力類別	編號	名稱
基本條件	1	年齡
	2	性別
	3	專業、學歷
	4	籍貫、民族
	5	氣質、容貌
	6	職稱、培訓經歷
工作經驗	7	行業經驗
	8	公司規模
	9	職務經驗、責任水準
		管理、專案經驗
		業績要求
知識技能		知識要求
		工具要求
素養能力		智力水準
		人格
		動機
		勝任能力

圖 2-2　任職要求的 17 個要素

1. 基本條件項度

(1) 年齡

一般上課的時候，筆者會問：「同學們，你們覺得應徵的時候候選人的年齡重要嗎？」大家都會說：「重要！」再問：「為什麼重要啊？」大家就沒有答案了。

現在普遍流行一種說法：35 歲職業危機。還有一家知名公司有 45 歲退休的政策，造成年齡非常重要的假象。

那年齡究竟重要嗎？筆者認為要看職位。

舉個簡單例子，例如，公司的出納職位，大多數企業都喜歡招 23 ～ 26 歲的新人，剛畢業 1 ～ 3 年，經驗技能雖都欠缺一些，但薪資低，人也聽話。一般情況下，一家擁有 300 ～ 500 人的企業，如果不是生產型企業的話，財務管理部的編制 3 個人即可：一個會計、一個出納加一個經理或者總監就夠了。如果是生產型企業，要再加個成本會計。一般這樣規模的企業，財務經理或者財務總監極難有晉升的空間，在職人員也很穩定。那麼企業應徵一個 23 ～ 26 歲的候選人，做出納 3 年左右，他的經理或者總監沒有晉升，他也升不了職，結果該出納因為職業發展原因跳槽了。而一般企業的出納和會計職位基本還是希望人員穩定的，由於我們對職位的任職要求設定得不嚴謹，造成了不必要的人員流動。

轉換一下思路，企業不招 23 ～ 26 歲的出納職位候選人，而是招 40 多歲已婚、已育有兩個孩子的人員。這樣的人去做出納或者會計，待遇不一定很高。她們一般情況下都是大學畢業後工作幾年，然後結婚，30 歲左右懷孕生子，等孩子上小學二三年級的時候，才選擇繼續工作。這些人是為了家庭和孩子中斷了職業生涯，實際工作經驗不一定比財務經理少。如果她們沒回家生子，可能現在已經是財務經理或者財務總監了。大家想，如果你的下屬是這麼一位 40 歲左右的人，而你 30 多歲，在實際的工作中，她可以為你查漏補缺，心思比你縝密。只是她對工作條件有一些要求，她也許會提出，如果可能的話，在特殊情況下能晚來一會兒，或者早走一會兒，還有就是離家近，最好步行 10 分鐘就能到公司。只求方便照顧孩子，照顧家庭。一個要求少，又細心又認真工作的下屬，如果你是財務經理，她跟著你做了 3 年，如果有條件的話，你是不是會想著幫她晉升為副經理或者財務主管？職位提升，報酬也會相應增加。如果你跟這類人談升職的事，她們一般會說：「主管，別幫我升職了，漲薪資就行。」因為許多職場規則基本是只要職位升遷，在職人員的生活就是上班、加班、開會和出差，而這不是她們想要的生活。

因此可以看出，對於一個 300 ～ 500 人的公司來講，出納或者會計職位的年齡並不重要，主要看職位的要求。一般情況下，一些企業，尤其是生產型的企業、綜合性的企業，有 50%以上的職位是「螺絲釘」職位，這樣的職位就需要人在這「釘」住，不需要去做太多的職業生涯規劃。

所以年齡對於候選人的影響是要看職位要求的。

(2) 性別

性別重要嗎？在課堂上筆者如果提出這個問題，學員就會說：「重要！」再問：「為什麼重要？」就沒有答案了。

實際上，當前的管理層職場上只有兩種人：男人和「女漢子」，這兩種人在工作上沒有太大的差異。溫柔婉約的女性在管理層是不常見的，也是很難生存下去的。

如果企業只招男性也是不行的，例如研發類部門，工程師基本都是男性，如果給這樣的部門配備幾名外表好看女性，那麼部門的工作熱情和工作效能都會提升。

真正考慮性別對於候選人的影響，要看職位的情況。

(3) 專業和學歷

一般情況下，畢業 3 年以內的候選人，學歷越高越要看專業方向，尤其是博士畢業的候選人，要多看其研究成果和論文品質。但如果工作 5 年以上的話，那就主要看工作經驗和技能了。

(4) 氣質和容貌

這項重要與否，還是要看職位，如果職位是面向外部客戶的，那麼氣質、容貌盡量要好一點。如果是面向內部的話，那就沒有那麼重要了。據有關統計，長相好看的員工的年薪是長相一般的員工的 1.3 倍左右。那就意味著，同樣水準的一個人，容貌姣好的比普通的能多拿 30% 的薪酬。所以作為部門經理，在招人的時候，一定要注意該職位是面向外部客戶的還是面向內部客戶的，這樣能為公司持續節省成本。

(5) 職稱和培訓經歷

有些職位是需要特殊訓練的（比如像焊工），還有一些是需使用特殊工具的，這些都要拿到證照才能上工。

以上內容是基本條件項度的 5 個要素。日常工作中，企業各部門，甚至人力資源部門都不太會特別去注意這些「小」的方面，認為只要把職位的主要職責書寫清楚就可以了，任職條件差不多就行。而應徵工作從應徵需求開始，到候選人履歷的篩選，再到面試問題的設計，都跟職位說明書的任職條件息息相關。如果在設計職位說明書的時候沒有一步到位，就會給後續的管理工作帶來大量的困擾，直接或間接地影響應徵工作，甚至給人力資源管理工作帶來較高的成本。

所以要想把應徵工作做好，職位說明書的任職條件部分要詳細、用心地去寫。如果中高階主管確實不知道怎麼界定這些條件，那就先把本部門績效好的員工的特質梳理一遍，基本上也就清楚了。

基本條件屬於第一個項度，是篩選履歷的依據。

2. 工作經驗項度

基本條件項度是履歷篩選的重點，工作經驗項度需要在面試中去挖掘。

(1) 行業經驗

行業經驗是候選人在行業內的歷練、對行業的熟悉程度。行業經驗代表著候選人對行業規則的熟悉程度、行業資源的累積程度。剛進入一個行業，需要學習的東西會有很多，如果擬應徵的職位是一個高階職位，或者是一個技術、銷售、管理職位，職位越高對行業經驗要求也越高，否則不太容易駕馭職位工作。

(2) 公司規模

公司規模大小意味著管理規範程度，當然並不絕對。如果候選人所服務的公司規模小，候選人的職業素養或者整個管理規範化程度可能會相對較低；如果公司規模比較大，情況可能會好一點。例如，從規模大的企業出來的員工往往會為新公司（規模小）帶來新的思路和方法。

(3) 職務經驗和責任水準

職務經驗是指候選人做過什麼層級的職位，是總經理、副總經理、總監、經理、主管，還是一般員工？不同的職務水準意味著要承擔不同的職責。我們在設計應徵條件的時候，總會有一條：同職位工作經驗幾年。同職工作經驗差不多等同於職務經驗，展現的是候選人在這個職位的工作歷練程度，對於管理職位還是很有必要的。當然，職位等級的不同，也展現出候選人承擔的責任的差異。

(4) 管理和專案經驗

對管理專案的工作經驗的評判，如果跟公司規模掛鉤，大公司的小專案經理不一定比小公司的大專案經理管的專案規模或者金額小，所以這裡要配合著去看。

另外，世事無絕對，規範化的大公司，有時候需要應徵小公司出來的「野路子」候選人充當「鯰魚」，或者小公司往大公司發展的道路上，需要獵取規範化的大公司出來的專業經理人來做操盤手。

(5) 業績要求

在面試的時候，面試官一般都會問：你在前單位的業績怎麼樣？候選人一般都會說：蠻好的。那需要記下來好到什麼程度、做了多少業績，這個可以作為背景資料使用。

行業經驗、公司規模、職務經驗和責任水準、管理和專案經驗、業績要求，這五個部分實際上是面試中最核心的內容。應徵面試的時候需要深入挖掘，避免出現誤判的情況。

3. 知識技能項度

(1) 知識要求

包括在工作中需要用到的知識和需要了解的知識。

(2) 工具要求

通用的要求是基本的辦公軟體要會用，例如：軟體工程師的語言有PHP、NET、C++、Java 等。可以檢視應徵人員的相關資質證書，或透過上機操作來測評。

4. 素養項度

(1) 智力水準

一般不建議用測評工具評測，而是用教育水準來把控。具有大學學歷的候選人，可以滿足大多數企業職位的要求，當然是統招的。如果企業要求比較嚴格，可以定位學歷要求為國立學校前段的大學畢業生。碩士和博士一般不作為考核智商的標準，因為有些人就是考研專家。

(2) 人格

人格很難直接在面試中準確判斷，可以藉助評估工具。人格評估工具有九型人格、PDP、DISC、四色、16PDF、大五等。不同人格的候選人，有不同的工作和行為模式，不同人格的候選人做事動機是不太一樣的，具體評估要看公司對職位和候選人的要求和財務能力，畢竟很多評估都是要花錢的。

(3) 動機

筆者上課的時候會問學員：「上班的動機是什麼？」大多數人的回答都是賺錢。筆者會接著問：「賺錢的目的是什麼？」有的學員會說希望改善生活。筆者又會問：「改善生活的目的是什麼？」答案最終會落在自我實現上。

所以動機和個人需求是緊密相關的。

(4)勝任能力

勝任能力指的是具體職位的勝任要求。

上述要素在設計職位說明書時，一定要一個個仔細核對確認，如果能量化描述就更好了，只有這樣才能保證招來合適的候選人。如果缺失這個環節，不僅會降低應徵的準確率，還會增加應徵成本，降低應徵效率。

另外還要注意，當老員工的技能和職位任職要求不匹配時，需要培訓；職位說明書的職務水準與經驗水準要和薪酬水準直接相關；績效考核考的是任職資格對應的目標；職位說明書是培訓、薪酬和績效考核的依據，所以非常重要。

中高階主管務必要把下屬各職位的任職條件梳理清楚，並且每年根據公司的規劃和部門目標再做改善。

(二) 應徵的法則

1. 黃金法則

應徵的黃金法則，是用應徵人以往的業績，來預測對方在未來的職位上是否也能取得優秀的業績。這是行為面試的底層邏輯。日常在做應徵面試的時候，面試官經常會問候選人，這份工作你做過沒有，或者問這個技術你學過沒有。如果候選人說學過、做過，那面試官要繼續追問，能不能舉個例子來說明一下。黃金法則隱藏的意思就是說，如果這個人過去做過這項工作，並且做對了，那他可能在你們公司能做，也能做對。如果過去他沒做過，他說他能做對，你信嗎？

黃金法則是行為面試最核心的技巧，即用應徵人員以往的業績，來驗證他將來能否取得優秀的業績。中高階主管要知其然，還要知其所以然。

2. 白金法則

白金法則是尋找未經打磨的金剛石。

松下電器的創始人松下幸之助是日本的「三聖」之一，被日本稱為「經營之神」。他在用人方面有獨到的理解。我們可以把他的思想總結為：「糊塗用人」智慧 —— 70%原則。這種管理思想是「中庸」思想的發展。透過 70%原則，在 70%的層面上獲得均衡和發展，衍生設計出獨特的人力資源管理產品，可以有效地處理和解決用人中的矛盾。「水至清則無魚」，也許 70%原則能更有效地解決企業用人中的矛盾。

松下對 70 分左右的中上等人才較為偏好，這與松下公司的發展有關。松下電器創業之初，公司的名氣還不大，只能吸收三井、住友、三菱等大企業不需要的職員。松下認為，他的事業迅速成長，是這些被視為次級人才的員工一手建造出來的成果。

總結一下，如果你對職位要求很高又很緊急，需要候選人入職後就能立刻獨立承擔工作，建議按照黃金法則應徵，如果不是，則採用白金法則。一般百分百滿足職位要求的候選人的成本會比較高。例如應徵一位總監，招到的人是有過很多年總監經驗的人，能力強，能很快適應工作，但這樣的人往往需要好好鼓勵，否則待一段時間就會離職了。但如果按照白金法則招未經打磨的「金剛石」，招了一名在上個公司任職經理的人，能力也不錯，只是在原單位沒有晉升機會，到了新公司給了他總監的職位，薪水提高了，發展空間也擴大了，這類候選人哪怕一兩年不漲薪資也不會走，他會非常珍惜這次機會。

應徵的白金法則和黃金法則的邏輯都是行為描述面試，說和做是兩碼事，所以很多企業會做候選人的背景調查。員工在上個公司能做好，在新的單位一般也能做好；同樣，員工在上個公司沒做好，在新的單位也可能做不好。行為描述面試，要注意了解應徵者過去的實際表現，而不是對未來表現的承諾。

(三) 中高階主管和 HR 在應徵工作中的分工

在實際應徵中，業務部門和人力資源部門都會參與其中，所以要發揮好協同作用，不能為了應徵在內部形成深井。

1. 業務部門的職責

(1) 向人力資源部門提出應徵的需求

包括招什麼樣的人、招多少人以及預計上工時間。在年初、年底的人力資源規劃中，會專門有人員編制部分。

(2) 列出職位職責、任職要求，編寫職位說明書

應徵前一定要先改善職位說明書。

(3) 面試候選人，進行必要的專業技能測試

在面試的過程中，判斷候選人是否符合職位的要求。

(4) 參與錄用決策

經過幾輪面試後，要確認候選人中哪些屬於合適的、最佳的、可以

備用的或不合適的。

(5) 傳遞資訊

當下資訊發達，很有可能在面試結束後，面試官會給候選人留下聯絡方式，當候選人詢問面試結果時，無論成與不成，一定要告訴候選人：面試結果已經回饋給人力資源部門了，後續會有人向你通知結果。而不能直接告訴候選人可以入職了，畢竟一個企業需要考慮的事情有很多。

2. 人力資源部門的職責

(1) 設計應徵過程

確定應徵的形式，專案制、校園應徵還是其他的形式都可以，具體根據企業應徵的數量和人員情況制定。

(2) 組織實施應徵

包括筆試、初試、複試、入職體驗、背景調查等。

(3) 資格檢驗及進行素養能力測評

稽核候選人的基本條件、知識經驗、綜合素養水準，將資質、學歷、證書的複印件附在履歷後面，在面試中可以不必再問關於學歷和資質的問題了。

(4) 參與錄用決策

將面試官聚在一起後，了解對候選人的評價，最終確定最優、合適、備選和不合適的名單。

(5) 向候選人傳遞資訊

統一由人力資源部傳遞會提升企業的規範性形象。

(6)確定入職事項及發放錄用決定書

(7)評定應徵過程

在應徵專案結束後或年底做統一覆盤，例如招了多少人。

(8)了解自招與用獵頭的成本差距

透過比較初試、複試的比例，未透過背景調查的人數，使用的應徵管道，了解自招與用獵頭應徵的成本相差多少。

常用的人才測評的方法有：無領導小組討論、筆試、結構化面試、公文測驗、背景調查、情景模擬、角色扮演和測評技術幾大類。下面說一下面試的流程。

(四) 面試的流程

職業的面試流程如圖 2-3 所示。

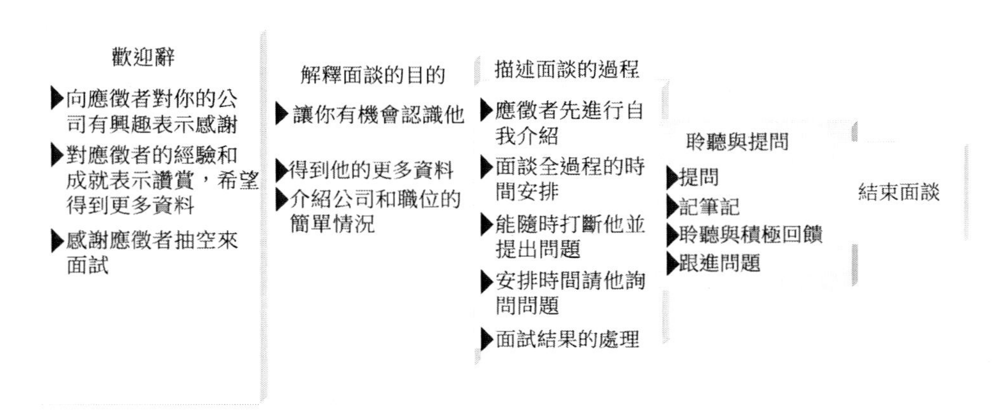

圖 2-3 面試的流程

職業的面試流程一般包括以下 5 個方面。

- ◆ 歡迎辭。
- ◆ 解釋面試的目的。
- ◆ 描述面談的過程。
- ◆ 聆聽與提問。
- ◆ 結束面談。

這 5 個步驟實際上可以劃分為 4 個階段：啟動階段、深入階段、驗證階段和結束階段。

1. 啟動階段

啟動階段要建立融洽關係，包括歡迎、自我介紹、寒暄、介紹面試流程和請候選人自我介紹。在前期，人力資源部門已經做過電話邀約或者溝通了，也有可能是面試官自己做的。候選人到了之後，面試官首先表示歡迎，比如，「王先生，歡迎來我們企業面試，我是 ×××」，然後寒暄一下。若在臺北，夏天的話就問外面熱不熱，冬天就問冷不冷。也可以問是怎麼來公司的，如果是開車來的，就問路上有沒有塞車，如果是坐車來的，就問擠不擠。或者「這次請您來公司，主要是看您履歷上寫的資歷與我們公司的職位非常匹配，電話溝通得也挺好，所以看看能不能深度合作」。寒暄的目的是讓候選人放鬆下來，有興趣且保持平常心地跟面試官聊聊過往的經歷。

啟動階段就是要建立良好的關係，輕鬆聊一聊，最怕那種新任的經理，覺得自己是用人單位，就很有心理優勢，對候選人質問、質疑、採用壓力面試，這樣做的效果其實很差，容易把人嚇跑了。現在的僱傭市場上有能力的候選人是有優勢的，是賣方市場，而不是買方市場。

接著向候選人介紹一下流程，本公司的面試大約有幾輪，今天是第幾輪，今天面試的程式是什麼，然後再請候選人用 3 分鐘大概介紹一下個人情況。

如果面試量比較大的話，要準備一些小瓶的礦泉水，沒有的話，櫃檯需準備些水杯，這樣可以提升候選人對公司的好感度。

2. 深入階段

這個階段主要是對候選人做全方位的了解，找到關鍵事件，深入了解候選人的資訊。根據候選人的履歷，候選人工作過的每個單位都要問一問，尤其是跟當下工作職位相關的那些工作經歷要詳細聊聊，找到關鍵事件。關鍵事件就是跟職位主要職責匹配的那些經驗或者能力。可以一個單位接著一個單位地問。

實際上，在應徵的過程中，如果面試官能沉下心來，會發現面試是最有效的，也是最佳的，這是了解一個行業或者了解這個行業內的公司，甚至你所服務的這家企業的機會。各位想像一下：把候選人服務過的企業的情況，在面試的時候詳細問一下，例如企業行業排名，公司占地多大、多少人、多少業績、多少個部門，候選人服務的部門怎麼樣，怎麼配置，每個職位什麼職責，業績怎麼樣。這樣就可以很好地了解行業內的企業。即使面試官覺得候選人不適合，也要跟他聊聊，問他原單位部門有幾個人，領導的能力怎麼樣，能不能提供他的聯絡方式，這樣也獲得了一個較為寶貴的資訊。面試官得到這個資訊之後，可以約候選人的前主管喝茶，同其聊久了之後，如果企業出現職位空缺，可能很快就能夠就把他挖過來。

3. 驗證階段

驗證階段的主要工作是針對深入階段發現的關鍵事件再進一步挖掘。比如說，這個人是做銷售的，其中電話銷售能力或者是陌生客戶拜訪能力非常強，面試官可以問其銷售能力具體是強在哪裡，有哪些方面與眾不同，如果來我們公司，就目前的情況怎麼開展業務。層層挖掘，同時做好關鍵能力的評估。

在面試的過程中可以透過 STAR 原則不斷驗症候選人的過往經歷，如圖 2-4 所示。

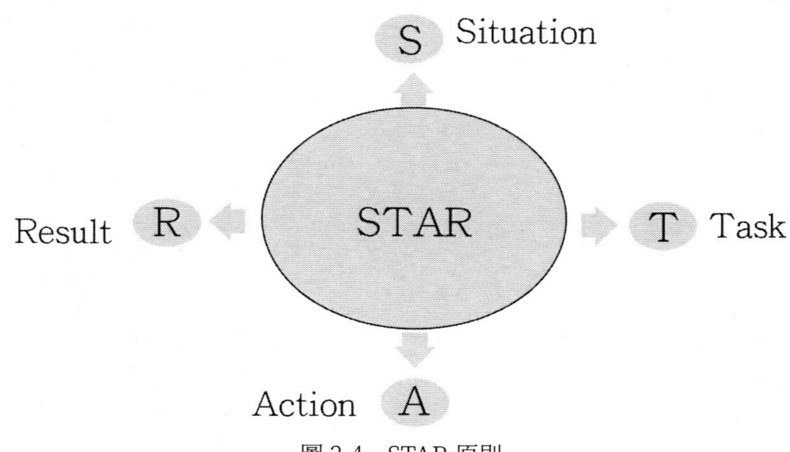

圖 2-4　STAR 原則

- S（Situation）—— 在什麼環境條件下接受的任務。
- T（Task）—— 具體的任務是什麼。
- A（Action）—— 為了完成任務都採取了哪些具體的行動，遇到哪些困難，如何克服的。
- R（Result）—— 產生了什麼結果，獲得了哪些評價。

4. 結束階段

到這一階段，聊得就差不多了，面試官應該說：「您看還有沒有什麼問題要問我？」候選人一般會問收入多少，來了公司之後，具體的工作內容有哪些，彙報關係等。

面試官在面試結束前要給候選人一個提問的機會，不能出現面試官問了十幾個問題，之後就說：「行了，就這樣，您回去吧。」這樣顯得面試官職業素養不高。如果候選人很優秀，是你非常想要的人，那你就多向候選人介紹一下公司的情況和職位情況。這樣做的好處其實是在銷售公司的職位。做職位應徵實際上是做職位的銷售，多介紹一下，如果能給候選人一張名片或者做公司的介紹、產品的介紹，這樣更好。這個銷售動作一定要做，有時候能夠帶來意想不到的結果。

最後檢查面試問題紀錄。檢查一下候選人的履歷，看看還有哪些地方沒有問到，包括職位職責、任職要求、經驗等，還有哪些地方不清楚再查漏補缺。因為同一個候選人，被同一個面試官面試的機會，在同一家企業只有一次，不可能有兩次，所以要弄清楚有無遺漏。如果沒有問題，就做面試評估，根據評價標準給候選人打分。

如果候選人具備加入公司的資格，要安排好後續入職和轉正的工作。在這個階段，要有專人負責，如果公司規模比較小，一般由櫃檯或人力資源部的同事帶領辦理，如果公司規模比較大，由部門委派一人帶領辦理。在這個過程中，流程和文件一定要齊備，例如錄用通知、員工手冊、新人培訓、導師指派等，要展現公司的規範性，要向候選人介紹入職流程，幫助其準備辦公用品。

在試用期要對候選人進行評估，評估的要求和內容候選人本人應是知情並能接受的。如果試用期為 3 ～ 6 個月，那麼每個月都要有工作計畫和目標，每個月都要評估和回饋，讓候選人做到心裡有數。

一旦在試用期期間發現候選人不適合，一定要及時通知解除勞動關係，不能等到試用期結束前一天才和候選人溝通。調職也是不建議的，萬一調職後還是不合適，會涉及經濟補償。

如果和候選人談解除勞動關係，要有理由和書面資料。這也是前面為什麼強調每個月要有清晰的目標計畫和評估標準。面談要有統一的規範，包括面談的話術、面談的時間、可能會出現的問題以及應對措施，避免出現意外情況。不僅如此，更重要的一點是要有人情味，候選人因為工作能力與本職位不匹配，主管可以為其推薦工作，成與不成還在候選人自己。

（五）內部應徵

企業職位空缺，不僅可以從外部應徵，也可以開展內部應徵，從企業內發掘勝任的候選人。如果企業每當有職位空缺的時候，業務部門的經理第一認知就是從外部應徵以填補空缺，對於企業內部 70%勝任的同事是有打擊的，會讓團隊成員感覺「外來的和尚會唸經」。有些單位甚至出現過內部員工為了升職加薪先跳槽到其他的公司，再透過獵頭應徵原公司心心念念的職位……

所以，企業內部的應徵工作是一些大型企業最有效的管理職位的應徵手段。試想一下：公司總監一職空缺，內部提拔一名經理來填補空缺，那就需要同時提拔一名主管做經理，還需要提拔一名專員做主管，那麼企業只要應徵一名大學生來做助理即可。這樣操作的好處是，新入職的人員不需要做文化梳理和培訓，另外企業還節約了應徵成本，同時鼓勵了在職的所有同事，因為大家可以看得到希望。

職場感悟

——如果你是老闆，你是用人品好能力不強的人，還是用能力強人品不好的人

一、企業應徵的入門條款是人品

如果人品不好的人進入企業，可以說是後患無窮。很多中小型企業就是在關鍵職位上使用了人品不過關的人，比如銷售總監、研發總監、財務總監、人力資源總監等職位，公司在很短的時間內就迅速衰退，甚至消亡了。

有個民營科技企業，因為應徵的人力資源總監人品不好，此人進入公司後，組建人力資源部門，關鍵的職位都被他安排了「自己人」。應徵經理和人力資源總監一起組建了獵頭公司做公司應徵生意，培訓經理和人力資源總監一起把培訓支出價格抬高，從中收取賄賂。等到老闆發現的時候，公司的這塊業務已經完全喪失了，用了 1 年多的時間才調整到位。實際上，這就影響了公司 1 年的發展。

二、沒有絕對的能力不行人品好的人

大學生剛畢業進入職場的時候，絕大多數人是不勝任工作的，新人上崗之後，一般都會經過兩三年的培養週期，即使是有經驗的社招人員，也需要 1 年左右的時間來適應公司的工作流程和企業文化，要不然，是很難施展開身手的。

所以，在應徵的時候一定要設定問題，來驗證候選人的人品、價值

觀是否適合企業。如果是經驗豐富的老員工，也要透過背景調查的方式了解清楚候選人的為人處世方式是否合適。

三、能力強人品不好的人要用制度約束，讓制度管人

如果企業吸引力有限，實力有限，只能使用能夠應徵到的人，或者人品不好的人已經入職，沒有合適的理由開除。那麼就需要建立可靠的制度約束機制，讓人品不好的人有施展能力的空間，但是沒有發揮人品的餘地。

四、如果一個人假積極一輩子，那就是真積極

任正非曾經說過一句話：「如果一個人假積極一輩子，那就是真積極！」這句話的意思就是，這個人可能不是好人，但是如果在企業中，他表現出來的行為是一個好人，那麼這個人就是一個好人。

也就是說，用制度約束員工的行為，讓員工產生符合公司價值觀的行為，那麼所謂的人品不好，就失去了發揮作用的空間，也就達到了用人的目的。

當然，具備這樣能力的公司不多，如果具備這樣的能力，公司也不太可能讓不合適的人進入，即使進入了，也不會長久任用。

所以，小企業用人盡量使用能力和人品好的人，如果人品不好，一定要多花精力管控好。

人品，意思是人的品性道德。概括為「責任、利他」，是指個體依據一定的社會道德準則和規範行動時，對社會、他人、周圍事物所表現出來的穩定的心理特徵或傾向。對人要慷慨大方，寬以待人；對工作要愛

崗敬業，忠誠熱愛。

能力，是完成一專案標或者任務所展現出來的綜合素養。人們在完成活動中表現出來的能力有所不同。能力是直接影響活動效率，並使活動順利完成的心理特徵。

人的能力總是和實踐連繫在一起。離開了具體實踐既不能表現出人的能力，也不能發展人的能力。

第 3 堂課
要求人 —— 制定目標　委派授權

明確職責、有效應徵之後，就應該考慮如何安排工作的問題了，人員應徵到位之後是要做事的。在做工作部署的時候，最難的事情不是怎麼部署工作，而是工作目標的設定和分解，這是大多數中小型企業的軟肋。由於企業管理不規範，目標績效的設定會比較隨意和淩亂，從而造成了中高階主管的無力感，想做事情，可是目標總是在變。本章會著重講一講從制定目標到績效計畫。

本章節學習內容。

- 思考和測評：你會帶下屬嗎
- 高效委派的五個步驟
- 工作目標設定的實戰方法
- 從目標到計劃

一、思考和測評：你會帶下屬嗎

(一) 測評

講到「要求人」的時候，筆者一般會做兩件事情。

第一件事情是隨機問課堂上的中高階主管：你平時是如何委派工作給下屬的？大多數人會一時陷入迷茫，然後七嘴八舌地說出一些委派的方法，比如直接下命令，讓下屬做月度工作計畫，讓下屬自己去摸索，成立工作小組等。

第二件事情是給在場的中高階主管做一套工作能力委派測評，測評共 10 道題，總分 100 分，測評時間為 10 分鐘左右。等到所有人都做完測試題目，大家再依照評分標準得出自己的測評分數。從最終結果來看，管理基礎較好的企業的中高層以上管理者，分數平均在 70 分以上的占 2/3，70 分以下的占 1/3。而管理基礎較弱的企業的中高層以上管理者，分數平均在 70 分以上的只占 1/3。這也就意味著無論是好的企業還是相對弱的企業都至少有 1/3 的中高層管理者的分數是不及格的。還有一點是，90 分以上的優秀學員一般一個班級不會超過 3 個。

如果讓分數不及格的管理者來帶下屬，下屬會很辛苦。很顯然，這些管理者沒有經過太多的管理技能和領導力的培訓，他們原生態的管理方式不做改良，員工一定會感覺上班異常難熬。

(二) 向下屬布置工作的三種常見的方法

通常來講，幫下屬安排工作一般有以下三種常規的方法。

1. 下達命令和指示

直接給下屬下達明確的指示。例如，上級對下級說：「小李，幫我把這份檔案複印 100 份，正反面印，印好後立刻拿過來給我。」

此方法適用於企業內常規性、事務性工作，在實際工作中使用的也比較多，但它不適合用於較為複雜的工作類型。如果對不同水準的下屬都使用這種方法，會讓高水準的下屬有挫敗感。

2. 設定目標、制定計畫

主要針對專案性或階段性工作，先設定目標，再製訂計劃。這是企業內常用的方法，適用於制定專案計劃、年度計畫、月度計畫、週計畫、日計畫等。

這種方式是目前企業普遍使用的一種工作方式，不同企業的運用程度不太一樣。

3. 制定工作規範

根據部門和職位職責，撰寫行為或者流程操作規範手冊，類似於早期功能手機的說明書，把職位上的所有工作擬定出詳細的操作規範，員工只要對照著操作規範，可以一步一步完成操作。這種方式適用於規範性企業內常規性、重複性的工作。

筆者曾經在和富士康的一位做培訓管理的高級經理交流時，他提到富士康公司內部產業工人的培養很簡單，培訓效率相比歐美先進國家有了很大的提升。歐美產業工人的培養週期是 3 年，日本的培養週期是 3 個月，而在富士康只需要 3 天的時間。為什麼差距會如此之大呢？因為富士康藍領工人的工作規範就只有固定的幾個步驟，新員工入職後，經過培訓上工，會有老員工按照操作規範，現場示範給新員工如何操作，並現場輔導。新員工學會後，到了生產線上就不會出錯了。該經理說，富士康生產線的操作規範列印後可以跟他的身高差不多（他有 180 公分）。如此詳盡的工作規範跟功能手機的說明書類似。

工作規範的制定屬於一勞永逸的工作，定期根據工作的計畫和生產的類型做適應性調整即可，而不用做過多的大方向的調整。

二、高效委派的五個步驟

我們先來看一個企業案例。

案例名稱：公司年會

案例主角：公司總經理李總，辦公室王主任。

企業背景：企業規模 300 人左右，從事專案性業務，一般用 2 ～ 3 年時間挖掘及明確客戶需求，再用 2 ～ 3 年完成設計、生產和施工，專案週期較長，針對企業端的大客戶。

案例介紹：每年年底，李總都習慣出門拜訪關鍵客戶。又到了一年年底，公司業績完成得不錯，李總把王主任叫到辦公室，說道：「今年業績不錯，銷售收入比去年增加了 30%，我今天準備出去拜訪大客戶了，大概需要兩週時間，你籌備個年會吧，總結一下今年的工作。」說完，李總就離創辦公室出差了。

兩週後，李總回來了，王主任興致勃勃地來到李總的辦公室，說道：「李總，年會我準備得差不多了，預定了公司附近的五星級大飯店的宴會廳，能夠承納我們所有的員工。我還請了舞獅隊、舞龍隊準備開場活躍下氣氛也邀請了我們的關鍵客戶，好的業績離不開客戶的支持，您看如何？」

李總聽完就火了：「王主任，我就想讓你把中高層經理組織到一起討論討論，總結一下今年的工作情況，展望未來。你這又是請舞獅隊，又是請關鍵客戶，你想做什麼啊？」

看完這個案例後，你們覺得案例中的問題出在哪裡呢？

在課堂上，國企、民企和外企的員工給出的答案各不相同，有說王主任不對的，有說李總不對的，也有說他倆都不對的。下面筆者就為大家說明委派工作的五個步驟。

（一）明確委派任務的目標與對象

如果沒有做好這步，就很有可能出現將一項艱難的任務委派給職場新人的情況，他無論如何都是沒法完成的。或者將一項極其簡單的任務委派給職場高手，讓下屬有種被侮辱的感覺。那麼怎樣避免出現這樣的情況呢？這一步也分為五個步驟。

1. 需要達成的目標是什麼

首先中高階主管要明確自己委派給下屬的任務的目標是什麼。

一般上級領導在傳達目標時，有兩個關鍵項要把握好，一是運用 SMART 原則，二是將目標轉化為工作計畫。有些領導在向下屬傳達目標時故弄玄虛，只傳達 30%的內容，剩下的讓下屬猜，這是非常不成熟的表現。

在第 1 堂課中，筆者介紹蓋洛普 Q12 測評法中的 Q1 時提到，下屬需要明確地知道自己的工作目標是什麼，如果連目標都不清楚，就更別談工作要求了。

「溝通漏斗」顯示：如果一個人心裡想的是 100%的東西，當你在眾人面前、在開會的場合用語言表達心裡的 100%時，這就已經漏掉了 20%，你說出來的只有 80%。而當這 80%進入別人的耳朵時，由於教育程度、知識背景的不同等關係，只傳達了 60%的內容。實際上，真正被別人理解、消化了的東西大概只有 40%。等到這些人遵照領悟的 40%具體行動時，已經變成了 20%。如果兩週後沒有行動，大概剩不到 5%了。所以在部署任務給下屬的時候，一定要把目標明確地表達出來。

2. 誰能勝任這項工作

工作目標清楚了之後，中高階主管就可以把工作委派給可以完全勝任的員工，並想著把工作派給對方，這樣操作對嗎？

日常工作中，很多企業領導習慣將工作安排給工作效率高的人員，因為他們出活快，也可靠，領導甚至有時自己直接就把工作做完了。工作量小可以這樣操作，如果工作量大還這樣做，會造成工作的大量囤積，中高階主管貌似無可替代，實際上耽誤了公司的業務發展。所以經理一定要學會科學地委派工作，要讓員工都有工作做，都得到鍛鍊和成長，同時還不耽誤工作。

3. 誰能透過培訓或輔導完成這項工作

根據人職匹配三個層次選拔的人才，理論上說，都是具備職位要求的，那麼就需要讓他們發揮價值。有些人出活快，可以放手讓其獨立完成工作；有些人動作慢，可以透過培訓或輔導協助他完成工作，這樣員工的提升也會更快。所以上級在安排工作的時候，一定要考慮一下動作慢的人可不可以，或者能不能指導他們完成工作。

4. 權衡之下，我應該將該項工作交給誰？為什麼？

根據工作的內容和性質分配給適合的下屬，不能一味追求快，就都派給職場老人。其實如果從培養人的角度來看，分配給職場新人更合適。

明確是讓職場老人來做還是職場新人來做。如果選擇職場老人來做，在分配工作之前要跟其交代：「老王，這工作除了你沒有人能做，要麼就我來做。」肯定老王的身分、地位以及他的專業能力。如果選擇職場新人來做，在分配工作前要跟其交代：「小李，這工作只能你來做了，因為你王哥太忙了。這樣，做的過程中我來帶你，如果你有任何的問題隨時找我或者找王哥都行。只要你把整個流程過一遍，今後再遇到同樣的任務就能獨立完成了。」

5. 如何跟進所交付的工作

領導將工作派給下屬後，要跟其約定回饋的時間，如果下屬在規定時間點內沒有回饋，主管要及時跟催。

這五步暗含著經理帶團隊的套路。

（二）診斷員工在目標任務上的發展階段

員工按照工作的能力和工作的意願，會有四種不同的狀態，中高階主管在給員工委派工作時要基於對公司、部門和員工的了解，清晰地判斷出員工的發展階段。這屬於員工輔導的內容，將在第 4 堂課中詳細講解。

(三) 匹配合適的委派方式

針對員工的發展階段，中高階主管在委派工作的時候，會有四種不同的委派方式，也稱輔導方式，也屬於員工輔導的內容，將在第 4 堂課中詳細講解。

(四) 界定結果的委派溝通

明確了目標，清楚了員工的狀態和委派的方式之後，就到了委派溝通環節了。一般情況下，標準的委派溝通有如下七個步驟。

1. 解釋目的 —— 說明任務背景、目的及重要性

無論是對職場老人還是職場新人，都要從培養員工或鍛鍊員工的角度出發，將溝通的目的和工作的重要性講清楚。要讓員工從內心裡清晰地知道自己所接受的工作對於公司、部門和個人所在職位的重要性。任何工作都有價值，不能因為價值不高就忽視員工的工作，也不能嘴裡說該工作很重要，滿臉都是誰都可以做的態度。那樣不但會傷了員工的自尊心，還會耽誤公司大目標的達成。

2. 提出要求 —— 描述結果，強調重點

既然是委派工作，那就要把工作需要達成的結果跟下屬說清楚，強調工作重點有哪些。這樣可以讓下屬對工作的結果有個明確的了解，避免出現事情沒做好，員工抱怨是領導沒有交代清楚的情況發生。

結果的說明也要符合 SMART 原則，工作重點務必要多次強調，要讓員工牢牢記住，最好能夠在工作計畫中表明。

3. 明確方法 —— 說明重點與難點，積極聽取員工的建議

這個步驟，中高階主管要詢問員工對於所交代工作的工作思路和想法，了解員工是否有自己大致的工作思路。同時要聆聽員工在工作開展過程中，將會遇到的困難和需要的資源支持，如果是客觀的困難和需求，中高階主管要積極地提供幫助，不能基於個人的偏好來操作，那樣會顯得非常不專業，也會讓有能力的員工寒心。

4. 設定許可權和彙報方式

這個步驟非常有價值，是考驗委派和授權的真實度的標尺。有些公司的中高階主管，往往會說：「你去做吧，缺人給你人，缺錢給你錢。」而真正到了員工開展工作的時候，情況卻變成了處處掣肘，連報銷餐費都要層層把關，所有承諾的事情都化為虛有，工作結果可想而知。

所以中高階主管要在委派工作之後，明確上下級之間的許可權邊界和彙報方式。即什麼事情由下屬來把關，什麼事情需要請示上級，什麼時候、什麼事情、用什麼方式來彙報，要確定好。避免遇到事情，無人擔責，無人來解決問題。

5. 確定時限

任何工作都要有時間節點，要給下屬確定好工作或者專案的進度，以及時間要求。不要出現工作已經到了時間節點，你詢問下屬的時候，他才說：「主管，您也沒說什麼時候要啊。」

6. 確認理解 —— 問還有沒有其他問題

如果可能的話，請員工複述一遍問題，並詢問員工有沒有其他問題。如果員工手頭工作非常多，或者資源短缺，他會在這個階段真實表

達自己的困惑和困難。

這一步貌似不重要，但是如果員工不能在這個時候明確表達出來，一定會影響後續的執行動作。

7. 表達支持

如果員工的要求和困惑是合理的，一定要給予積極的回饋和支持。在談話的最後，中高階主管要明確表達對於員工工作的支持，這樣有利於積極地溝通，也會讓員工放心踏實地開展工作。

溝通的步驟可以標準化，但在具體談的時候，也需要中高階主管掌握基本的面談技巧，以下是筆者總結出的 11 個面談步驟和技巧。

(1) 及時肯定員工是完成這項任務最合適的人選

既然已經決定把工作委派給下屬，無論出於培養下屬，還是出於解決問題的目的，都要明確員工就是完成這項任務的最佳人選。不能再有其他不必要的顧慮和言語表達，那樣會讓中高階主管和員工都有各種擔心。

- ◆ 職場老人承擔：你是最佳人選，無可替代！
- ◆ 職場新人承擔：你是最佳人選，是最好的學習機會！

(2) 經理要有熱情，並鼓勵員工積極思考

上下級聚在一起是做事的，不是為了浪費資源的。所以上級在安排工作的時候要鼓勵員工積極思考，要有工作的熱情，不能總是公事公辦的樣子，不要以為下屬向自己彙報，就自視過高，更不能用人朝前，不用人朝後。

上下級之間融洽的工作關係，有的時候會像 NBA 球隊的球員之間的

關係一樣，合作得好，可以產生「1 ＋ 1 ＞ 2」的效果。中高階主管要鼓勵員工，積極啟發下屬，鼓勵下屬把工作當作熱愛的事情去做，啟發員工積極地思考和提高工作的主動性。

(3) 注意傾聽員工的想法

既然是交流，就要給員工發言的機會，最好是多互動，這樣可以把下屬的積極性激發出來。另外，中高階主管不要急於表達自己的想法，如果員工有說話的意願，一定要讓員工完整地表達出來，不要打斷員工。有的時候，能力比較高的員工可以輸出比較好的工作思路和方法，甚至可以完善上級的工作方案。

傾聽這個技巧是大多數經理人都非常欠缺的能力，經理人都是因為工作做得好才晉升的，無形中就會習慣性地以「我」為主，尤其是在部門內安排工作的時候，總是「老子天下第一」的派頭。這樣的工作方式一定會壓抑高水準員工的工作意願。

(4) 請員工做筆記

正常的工作溝通，尤其是委派工作的溝通，上級一定要做工作溝通記錄，下級更需要做記錄。如果是開會的話需要有會議紀錄，需要下屬在會後將工作溝通的內容形成工作計畫。如果下屬空著手到主管辦公室接受任務，一定是缺乏訓練的表現。

(5) 必要時請他複述或提問，以了解理解程度

為了保證下屬能夠把自己安排的工作完全記住，經理一定要讓下屬複述交代的工作，下屬在複述的過程中，就會把遺漏的內容補齊了。如果下屬曾經在工作委派交流過程中複述了一遍還是沒記住，他自然而然會在下一次交流的時候做筆記了。

當然，上級也可以詢問下屬關於所交代的工作的重點，如果下屬沒記住，可以再講一遍，務求記住。

(6) 強調完成任務的重點

上面幾個要點做好了，在會談結束的時候，一定要再次強調任務的重點。

(7) 了解員工完成任務的障礙與問題

中高階主管在溝通過程中，詢問員工在工作過程中有哪些困難、問題和障礙。並且讓員工不要有太多顧慮，當員工遇到問題時，主管要表示會提供支持和幫助。這些都是暖人心的舉動。

(8) 原則上不提供具體的方法

如果員工能夠解決問題，就讓員工按照自己的思路去試試。不要企圖把自己的想法強加給下屬，因為這發揮不到培養的作用。

(9) 根據員工工作能力不同區別對待

員工有老人也有新人，從長遠的角度看，如果工作不是很急，把工作交代給新員工是最好的方式，因為下屬是透過做事練出來的。當然，如果工作比較急，老員工是最佳的選擇，但是老員工手頭的工作要提早安排。否則，老員工也會不爽。

(10) 表達支持但鼓勵員工獨立思考

上下級是一夥的，在下級眼裡自己的上級就是公司，下級的工作是為上級做的。所以上級要對下級的工作提供必要的支持。同時，上級還要鼓勵下級多思考、多學習、多嘗試。這樣可以把下級的積極主動性激發出來。

(11) 表情放鬆

這一點對於新任的中高階主管尤其重要。因為新任的業務領導如果角色轉型不是很完全，會出現不太敢安排工作的情況，在安排工作時，表情也會比較僵硬。

資歷較深的業務領導，如果上下級工作關係不太融洽，也會出現在委派工作的時候表情不太自然的情況。

請記住，你是安排工作，不是求下屬來工作，表情一定要輕鬆自然。

(五) 委派後的工作回饋和跟催

安排完工作之後，上下級之間一定要多互動，要做工作的回饋和跟催。這一步對於職業素養不高的下屬和管理不太規範的企業非常重要。

1. 工作追蹤的五個步驟

(1) 衡量工作進度及成果

測量和盤點實際的工作進度和成果。要想追蹤工作，首先要確定當下的進度，否則就是盲目追蹤了。

(2) 評估結果，並與目標進行對照

根據初期制定的目標值及評分標準，對照任務進度，評估與計畫相比是否存在出入，是快了還是慢了。這一步，上下級之間可以公開、客觀地去評價，不需要藏著掖著。

(3) 對下屬的工作進行輔導

在評估的過程中，如果發現進度提前了，要及時表揚下屬；如果進度慢了，也要提出批評，但最重要的還是促成改進。當然，並不是所有行業進度快就是好事，例如房地產行業，與進度吻合是最好的。這個過

程中，要對員工進行正向的工作輔導，不要僅僅當作簡單的評估打分。

(4) 在追蹤的過程中，如果發現嚴重的偏差，就要找出並分析原因

中高階主管在發現問題後，都習慣先解決問題，實際應該先分析問題產生的原因。針對原因做分析，制定有針對性的解決方案。

(5) 採取必要的糾正措施，或者變更計畫

如果偏差是可以糾正的，那就採取調整的措施糾正；如果發現初期的目標本身就有誤，或者客觀環境不允許繼續執行原計劃，就要及時變更計畫，否則計畫最終也完成不了。

2. 工作追蹤的五個原則

(1) 適時

適時發現問題，不要讓問題隨著時間和情況的變化而變得複雜起來。

(2) 抓重點

如果沒有追蹤最重要的活動，而僅僅是關注次要的問題，那麼工作追蹤就不能對工作目標完成產生任何的幫助，反而會偏離已達成的工作目標。

(3) 明確要點

明確所要探討的工作是什麼，明確進行的時間和地點，使下屬感到上司對他所進行的工作非常重視。同時，對方都要清楚討論的問題是什麼，以便雙方針對具體問題著手準備，提高工作效率。

(4) 講實際

從實際出發，不要把工作追蹤搞得比工作本身都複雜，更不要在工作追蹤中說一些不切實際的話。

(5)經濟性

工作追蹤是一件耗費時間和精力的事情，所以，在進行工作追蹤的時候，需要平衡速度、經濟型以及精確性三者之間的要求，有的時候，我們必須犧牲一些精確性，來使工作追蹤得以迅速、高效地進行。所以工作追蹤的程式設定要可靠，不能搞得勞民傷財。

表 3-1　工作追蹤表

序號	KPI（GS）及目標值	權重	考核標準	自評實際完成情況	自評	上級評實際完成情況	考核人評
1							
2							
3							
4							
5							
6							
7							

在工作任務的追蹤中，使用表 3-1 所示的工作追蹤表是最適用和方便的方法，所以在做每日、每週、每月、每年的工作計畫覆盤時，都可以參照這張表。表中包含 KPI 及目標值、權重、考核標準、自評、上級評價等。保證有紀錄可查，有存檔。

3. 委派工作後的回饋與跟催

工作回饋是下級根據工作進展、工作的成果以及遇到的問題，定期向上級彙報工作，聽取上級的進一步指示。工作跟催是上級主動向下級了解工作情況。

(1) 委派工作後的四種情形

◆ 放心：工作委派給了合適的人，主管心裡很踏實。

◆ 遺忘：主管太忙了，工作安排出去之後，就忘記了，如果下屬不來彙報，基本上記不起來了。

◆ 擔心：工作委派出去了，可是不知道是不是妥當，所託是否恰當。各種擔心、煩惱湧上心頭。這種情況一般出現在焦慮型主管身上。

◆ 煩惱：工作委派出去了，可是過程中各種事情紛繁複雜，讓人煩不勝煩，感覺還不如自己做。

(2) 委派出去的事的兩種完成情況

◆ 完成。工作任務完成。

◆ 未完成（含取消）。工作取消了，可能是主動取消，也可能是被動取消。

(3) 委派工作中的三類人

◆ 主管：負責工作委派和工作進度的跟催。下屬接手工作後，一定要跟領導保持必要的連繫，不能總是給主管驚喜和驚嚇。

◆ 員工：做事的人，在工作中，不但要保證工作的進度，還要保證工作的完成品質，同時做好工作溝通和彙報。

◆ 相關者：例如客戶、同事，各方要處理好相互的關係，不要有太多的心理優勢。

4. 回饋的原則

例行工作專人檢查，定期彙報，例如財務月報，財務總監檢查各部門的報告，總經理檢查財務總監提交的報告。

委派工作過程彙報，結果彙報。

- 7 天以內的工作，一般工作在過程中口頭回饋一次，重點工作在過程中口頭回饋兩次。
- 7 天以上的工作，要約定時間節點回饋，如果員工沒有在時間節點回饋，一定要詢問員工進展到哪一步了。

員工回饋的習慣是可以培養的，領導只要見到員工就問進度，超過 3 次後，員工基本就養成主動彙報的習慣了。

5. 跟催的方法

跟催方法包含：表單、電話、LINE、郵件、簡訊、便條紙、口頭說明等。

定期跟催時機包括：晨會、週例會、月總結會、季度總結會、半年和年度述職。舉例來說，有些公司每天都會召開晨會和午會，工作安排得很細緻，並且執行季度考核，如果有員工第一個季度第一個月的業績不好，可能下兩個月就沒有休息日了。不定期跟催時機有：路過主管辦公室時、走路時、吃飯時、同行時。

三、工作目標設定的實戰方法

據一項國際調查顯示，在公司中，30%的工作與實現公司目標沒有任何關係。工作中 40%的內部問題與大家對目標有不同的理解有關。

如果不設定目標，只能出現兩種情況：一種情況是經常布置工作（下指令）；另一種情況是「忙著救火」。

在本堂課的開篇筆者就講過，工作的委派是個工作技巧，中高階主管練練就好了。可是工作目標的設定和分解，以及工作計劃的形成和執行，是令當下大多數企業，尤其是中小型企業的經理人普遍感到頭疼的問題，不僅是工作技巧，還涉及經理人對業務的理解。在這裡筆者拿出兩個模組講一講工作目標的制定和分解，以及從目標到計劃。

（一）目標制定與分解流程

1. 預算體系是目標管理的基礎

(1) 以預算為基礎的目標設定

企業目標的來源首先是預算，根據公司的年度財務指標來分解目標，從預算到具體的業務部門的目標，這是一個難點，也是一個重點。

古語云，「凡事豫則立，不豫則廢」，「預」指計劃，在目標管理體系中，可以理解為預算機制。很多公司在推進目標管理體系時，沒有配套的預算機制予以保證，或者建立了預算機制，但預算的準確性、執行度比較差，預算執行的偏差率比較高，導致目標設定不準確。

(2) 根據預算分解目標

雖然預算本身並不是最終目的，更多的是充當一種在公司策略與經營績效之間連繫的工具，但是在分配資源的基礎上，預算體系主要用於衡量與監控企業及各部門的經營績效，以確保最終實現公司的策略目標。

所以可以根據公司的預算體系並根據利潤中心、成本中心、費用中心提取公司目標管理的財務指標，根據三級目標體系實現有效的目標分解。

①設計公司預算體系

每一年度，由公司的財務部門根據董事會下達的經營指標，結合上年度各項成本（費用）情況，組織編制年度（月度）預算，根據年度工作目標和計劃，各業務部門編制收入預算和成本預算，管理部門編制費用預算，預算要按照詳細科目分解到各個部門，落實到每個月中。這是公司編制目標管理體系的出發點，也是員工編制工作計畫的出發點。

經驗提示

編製成功的公司預算體系需要三個必備步驟。

◆ 設計預算範本

預算做得準確與否，取決於各項預算科目是否分得足夠細，取決於各項科目對應的職位是否清楚。編制預算體系前，必須要做的是對各類預算科目進行細化和標準化。

◆ 由各個業務部門負責人編寫相關預算

各個業務部門負責人要根據本部門工作計畫編制預算，要將預算和計畫結合到一起，這樣的預算才有實際意義。

◆ 預算彙總及評審

預算數據的準確性，一方面在於對歷史資料的分析，另一方面則取決對未來預期的準確預估。因此在預算彙總後需要組織專門的預算評審會議，對預算的準確性進行評價，對各類收入、成本、費用指標進行明確。

②根據預算機制分解到部門的工作計畫

單純的預算不能作為員工工作的依據，更不能作為目標績效考核依據，在預算制定完成後，各個業務部門需要根據預算，結合公司策略、目標設定本部門的工作計畫，要細化到年、季度、月，如果有可能，細化到週計畫。

經驗提示

很多公司認為：公司預算編制透過後，年度計畫就完成了，而實際營運結果卻發現，到年底，預算不是超標，就是沒有實現，很多年初要做的工作目標到年底發現都沒有完成，卻額外做了很多其他工作。

提升預算有效性的方法就是在預算編制結束後，必須要根據預算制定詳細的部門工作計畫，並把工作計畫分解到個人的月度計畫，並以此為考核依據，這樣才能保證工作重點和目標的一致性。

2. 目標管理的 SMART 原則

設計目標需要符合 SMART 原則，目標應當是明確、具體、可衡量、相互關聯、具有時限要求的，具體含義和要求如表 3-2、表 3-3 所示。

表 3-2　SMART 原則

原則	含義
S（Specific）：明確性	所下達的目標要非常明確，或者說要「品質化」而不是「定向化」，不允許用模糊的數據或語句來描述。比如過去有企業對員工考核主要是「德、勤、能、技」幾個方面，這些指標比較模糊，很難考核。
M（Measurale）：可衡量性	指標需可量化、可衡量。比如市場部今年要完成銷售額 2,500 萬元，完成利潤 300 萬元，產品合格率要達到 100%，優良率要達到 80%。
A（Attainable）：可達到性	目標是能夠達到的。如果目標根本無法達到，那麼就沒有完成任務的信心。比如說，今年把市場範圍擴大到北部地區，這是可以達到的，但要把市場範圍擴大到全世界，恐怕難以實現。

原則	含義
R（Relevant）：相互關聯性	目標之間有關聯性。一個目標的達成一定會影響其他目標的達成。幾個目標之間一定不要相互矛盾。
T(Time-based)：時限性	規定一個期限，規定在什麼時間之內完成任務或實現目標。

表 3-3　測試表：判斷目標是否有效

有明確的完成期限	□
目標清楚，以量化方式顯示	□
目標是由上級目標分解而產生的	□
目標經過努力可以實現	□
目標可以透過量化的數據進行評估	□

3. 目標制定流程

目標制定流程如圖 3-1 所示。

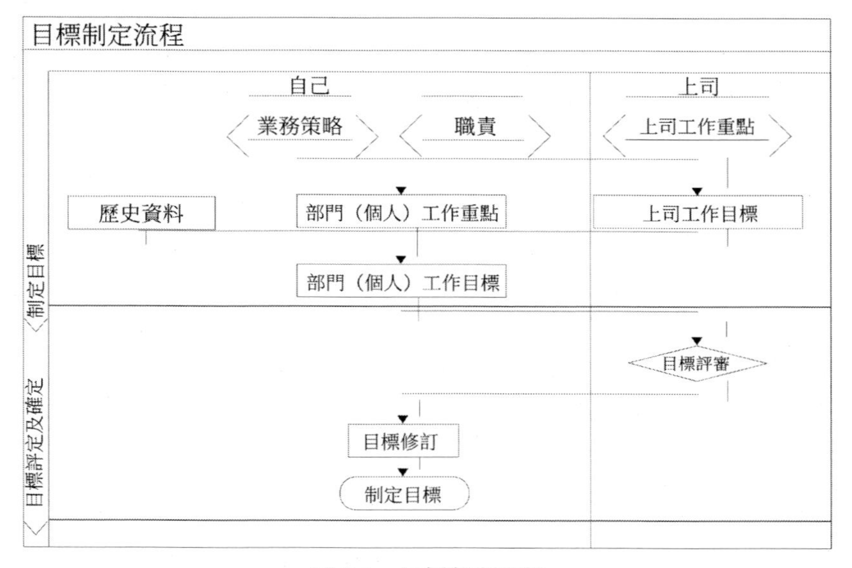

圖 3-1　目標制定流程

(1)制定目標的兩個步驟

①制定工作重點

制定目標前，要明確以下內容。

- ◆ 與目標有關的業務策略。在充分了解公司策略的基礎上，制定本業務部門的策略，這也是制定個人工作目標的基礎。
- ◆ 部門職責（職位職責）。
- ◆ 上級的工作重點。本單位工作重點要考慮到上級的工作重點，要根據上級的工作重點安排，結合本部門職責制定部門（個人）的工作重點，確定工作方向。

②設計工作目標

根據工作重點、上級工作目標以及歷史相關資料的判斷，制定本單位詳細工作目標，並且應當符合 SMART 原則。

(2)目標評審及確定

部門（個人）目標制定後，要經過直屬上司的評審，只有經過上級確認後方可作為部門（個人）的工作目標。

當部門（個人）目標未能達到上級要求時，要修改目標並同上級進行溝通，共同確認本單位的工作目標。

這個過程涉及上級對下級的輔導，務必要細緻。

經驗提示

企業中的目標設定需要中高階主管和員工一同完成，每個中高階主管必須要掌握設計部門目標、稽核員工工作目標的技能，能夠將上級的目標落實到部門目標，同時又能組織好目標分解。在這個過程中，上級需要對各個中高階主管的目標制定能力進行系統訓練，提升中高階主管制定目標的能力。

4. 目標分解流程

目標分解流程如圖 3-2。

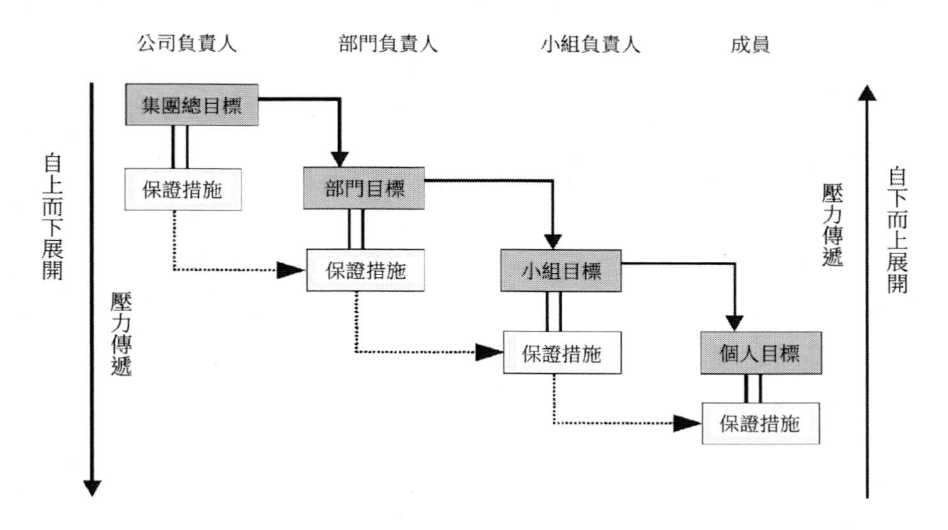

圖 3-2　目標分解流程

(1)從企業策略出發

如果企業沒有編制長期發展策略，嚴格說就根本談不上目標管理。在明確企業發展策略規劃的前提下，編制目標才會落實。

為此，企業需要建立一個公司級的非常設目標管理單位 —— 目標管理委員會。鑒於目標管理是一項重要工作，所以這個委員會通常由企業的總經理或者總裁親自擔任負責人。

企劃部或者人力資源部是目標管理的具體執行機構，如下達目標、檢查追蹤等。而各個單位中高階主管是目標管理的主體。

(2) 目標層層分解

根據管理層級，由公司最高管理層組織制定公司級目標，年度公司級經營目標需要上報董事會批准。董事會批准後，形成公司年度目標計畫，由目標管理委員會的執行機構列印成文，下達各個部門和單位。

各單位領導與上下級一起設定本部門的具體目標，這是目標管理的一個特徵。目標不是上級強加給下級的，而是上下級溝通之後共同認定的。

部門把這些目標再分解給下面的班組和每一個員工，做到「人人有事做，事事有人做」，每個人都能清楚地了解上級的目標和個人的目標。

透過層層目標分解，可以讓公司的策略分解到具體的成百上千項的詳細工作目標，透過個人目標的完成實現部門目標。

(3) 目標自下而上層層保證

案例

董事會要求市場部的經理完成銷售額 2,000 萬元。市場部經理下面有四個業務員，分別負責四個地區的銷售。2,000 萬元平均每個人 500 萬元。但是，如果只他們下達 500 萬元的任務，只要其中有一個人沒完成，總任務就完不成了。所以要把每個人的指標加大一點，四個人總和應該超過總量。比如每人 600 萬元，加起來就是 2,400 萬元。這時候如果其中有一個人沒完成任務，加起來可能是 2,200 萬元或者 2,100 萬元，總任務還是可以完成的。

目標自下而上保證的兩個條件是。

- 下級制定的目標要覆蓋上級目標，無論是目標值還是目標專案上。
- 為保證目標能夠完成，公司必須制定相關的保證措施予以支持，保證措施包括物力、財力、人力的支持。

經驗提示

在進行各個工作方面的目標分解時，注意不要有遺漏，也不要使幾個下級的工作發生重複。平行的業務工作，分解的時候相互不要有交叉，也不要有空白。

5. 設定目標值

績效目標的指標值一般設計為兩個，一是目標指標，二是挑戰指標。

(1) 目標指標

目標指標是指，正好完成公司對該職位某項工作的期望時，職位應達到的績效指標完成標準。通常反映在正常市場環境中、正常經營管理水準下，部門或單位應達到的績效。公司可根據批准的年度計畫、財務預算及職位工作計畫，提出指導性意見，經各級經理和員工共同商討認同，按各級管理許可權分別稽核確認，最終確定目標指標。

經驗提示

首先，確定目標指標時，可參考過去相類似指標在相同市場環境下完成的平均水準，並根據情況的變化予以調整。

其次，可參照一些行業指標、技術指標、監管指標、國際指標，從而確定合理的水準。

再次，應參考為上級職位相關指標所設定的目標值，保證下級單位對上級單位目標值的分解。

最後，應結合本公司策略的側重點，服務於本公司關鍵經營目標的實現。目標指標的設定，側重考慮可達到性，其完成意味著職位工作達到公司期望的水準。

(2) 挑戰指標

挑戰指標是評估者對被評估者在該項指標完成效果上的最高期望值。因此挑戰性目標值的內在含義，可看作是對被評估者在某項指標上完成效果的最高期望。

設定挑戰性目標時，要在基本目標設定的基礎上，考慮實際工作績效是否很容易在基本目標上下有較大波動，對波動性較強的指標，應設定較高的挑戰性目標。

無論是目標指標，還是挑戰指標，均應由評估者和被評估者來協商確定。指標值要在聽取評估者和被評估者意見後，按管理許可權審定。指標值每年核定一次。指標一經確定，一般不做調整。如遇不可抗力因素等特殊情況確需調整，由被評估者向評估者提出書面申請，並按規定程式審批。未獲批准的，仍以原指標值為準。

經驗提示

在確定過程中，尤其要注意公平地為各職位設定指標，對相同類型的職位統一要求，盡量避免同類職位的指標值在相同情況下有高有低。對同類職位，其指標值的差異可以因自然條件、當地經營環境與企業資源多少有所不同，但不應因個人能力與過去績效水準的不同而產生差異。例如，不能因某員工工作能力與管理水準高，就給其設定較高的目標值，造成對其的衡量標準高於他人，所得績效分值低於其真實水準。

（二）三個步驟分解公司目標

1. 制定公司一級目標

各級領導者配合公司總經理在每一年度、月度開始前，制定公司下一年度、月度工作目標，公司級經營性指標由董事會下達，具體內容見表 3-4。

表 3-4　公司經營指標

項度	目標專案	說明
財務效益	淨資產收益率	企業盈利能力
	總資產報酬率	
資產營運	總資產周轉率	企業執行的效率高低
	流動資產周轉率	
負債能力	資產負債率	企業償債能力
	已獲利息倍數	
企業發展狀況	營業額成長率	企業成長情況
	資產累計率	

除此之外，公司還需要根據公司實際管理營運狀況，設定非財務類指標，指標主要用來衡量企業資產營運之外的其他因素，考核企業或者企業領導人除了絕對的財務數據之外的其他一些目標。

- 產品（服務）品質控制。
- 新產業研發能力。
- 產品的市場占有能力。
- 行業或區域影響力。
- 流程化和標準化管理水準。
- 管理團隊素養狀況。
- 員工素養狀況。

公司一級經營目標設計完畢後，要組織召開公司管理層會議，對目標的可行性進行討論，一方面對目標的完成進行預估，另一方面要組織目標的分解。

經驗提示

目標不宜過多，多了精力就分散，不一定完成得好。

- ◆ 對於公司級的目標，10 ～ 12 個就可以了。
- ◆ 對於部門級的，下屬單位或者子公司這一級，一般應該在 8 ～ 10 個。
- ◆ 目標分解到員工，一般就是 5 ～ 8 個。

2. 分解至部門二級目標

公司級目標確定後，公司的人力資源部門或者企劃部門，會組織專門的目標分解會議，對公司級目標進行分解。目標分解會議由公司最高管理者主持，各部門負責人參加，會議的主要內容就是分解公司級目標到各個部門。分解按照職位級別和類別來進行。

各個業務部門的目標設定要素包含內容見表 3-5。

表 3-5　目標設定要素

部門	目標要素	部門	目標要素
業務部	銷售額 銷售數量 毛利潤 毛利率 新客戶拓展數量 客戶滿意度 人均銷售收入（毛利）	採購部	採購成本 原料品質 毛利率 採購效率

部門	目標要素	部門	目標要素
市場部	市場占有率 品牌建設及拓展 媒體宣傳計畫執行 市場活動計畫執行 目標群體閱聽人率	財務部	預算執行 核算及時準確性 資金的有效籌劃和利用
生產部	生產數量 產品品質 生產成本控制 人均產量 流程改善	人力資源部	員工滿意度 人員流失率 培訓計畫完成 人力資源專案完成 後備幹部儲備計畫完成
研發部	新產品開發 新產品市場占有率 研發專案管理 研發團隊建設	行政部	資訊系統建設 員工滿意度 後勤工作效率

經驗提示

在橫向目標的分解過程中，部門和部門之間目標的協調是需首要考慮的，尤其要避免各部門為了自己的利益而爭執不休，忽視了企業總體目標而影響它的實現。

在會議上進行目標討論和分解是一種非常可行的辦法，各個部門人員都可以根據公司策略目標發表自己的看法。同時，也可聽取其他部門為實現公司策略而對自己部門提出的意見、要求和需要的支持等。經過充分的磨合，這樣目標分解到各部門後，各部門之間就不會推託。

這個過程也是 OKR 所說的目標對齊。

3. 設計個人三級目標

個人目標要與部門目標保持一致，部門經理的目標，就是下屬目標制定的指導原則，而且個人目標要在部門目標的基礎上進行進一步細化，使之更具有可操作性。如何為下屬制定目標，可參考表 3-6。

表 3-6　為下屬制定目標的步驟

步驟一：向下屬傳達公司和部門目標
步驟二：讓下屬結合工作職責和部門目標，擬出三個目標，並按照「緊急性—重要性」順序填寫
步驟三：表達期望（讓下屬知道，在新的目標中，你的期望是什麼）
步驟四：讓下屬按 SMART 原則衡量目標（不符合 SMART 原則者不可作為目標）
步驟五：與下屬討論目標
下屬關於目標的說明 你的提問（為什麼） 你的建議（希望在哪些方面加以改進） 分歧點是否得到解決（請下屬自己確認）
步驟六：讓下屬寫出「矯正」後的目標（與下屬經討論共同設定的目標） 目標一 目標二 目標三

四、從目標到計畫

(一) 設計個人月度工作計畫

制定好了明確的工作目標，接下去的工作就是將所制定的工作目標，轉變為詳細的行動計畫。作為實現工作目標的支持系統，詳細的行動計畫能夠幫助下屬更容易理解和執行。

1. 計畫的好處

- 制定計畫會使工作目標更明確，使下屬更了解目標。
- 計畫使得工作目標的設定更符合實際情況。
- 計畫能夠使工作更有序、有系統地進行。
- 好的計畫能夠減少可預見到的阻礙或者危機出現的可能性。
- 能更為輕鬆地處理突發事件和問題。
- 減少突發情況的發生，並使績效表現和結果更加可控制和可預測。
- 工作更加有效率，因為每個成員都能直接投入工作，不需要浪費時間。
- 成員的工作表現能夠比較好地與工作結果相匹配。
- 能夠更為客觀地評估結果。

2. 制定計畫的內容

制定簡單的工作計畫，見表 3-7。

- 目前的情況 —— 現在所處的位置。
- 前進的方向 —— 做什麼，向哪裡前進。
- 行動 —— 需要做什麼才能達到。
- 責任人 —— 誰來做。
- 開始日期。
- 計畫的階段性回饋，或突發事件發生時的緊急處理程式。
- 結束日期。
- 預算成本。

表3-7 簡單的工作計畫

序號	計畫內容	責任人	日期
組織設計階段			
1	內部組織級別設計	專案組	10.21-10.23
2	組織類別設計	專案組	10.21-10.23
3	組織名稱設計	專案組	10.21-10.23
4	設定標準組織結構圖	專案組	10.21-10.23
職務設計階段			
1	設定職務類別	專案組	10.22-10.24
2	設定職務級別	專案組	10.22-10.24
3	建立職務序列表	專案組	10.22-10.24
4	績效、薪酬職務類別	專案組	10.22-10.24
職位設計			
1	確定部門職位設定	專案組（各部門）負責人	10.27-10.30
2	確定職位職責	專案組（各部門）負責人	10.27-11.05
3	確定職位任職要求	專案組（各部門）負責人	10.27-11.05

經驗提示

常見失誤

◆ 沒有注意計畫的滾動。需要中高階主管在制定的年度計畫或者季度計畫的基礎上，制定相應的月計畫、週計畫，甚至是每天的計畫，以利於實際工作的操作。

- 沒有彈性。好的計畫就是要給未來的變化留有一定的餘地。
- 沒有猜想多種可能。針對多種可能，找出相應的解決方案，做好充分的準備。
- 沒有考慮資源和條件。
- 沒有事先溝通和確認。

（二）分解個人工作計畫到每週、每日日程

月度計畫要落實到員工的每週、每日日程表中，各個中高階主管要組織部門員工制定周工作計畫，安排每天的工作內容，見表 3-8。

表 3-8　週工作計畫

第 xx 週工作總結			
姓名			日期：自 2008/10/27 至 2008/10/31
要素		工作重點	進展及業績
特殊感受	1		
	2		
	3		
本週安排	1		
	2		
	3		
本週不足	1		
	2		
	3		

下週計畫	1		
	2		
	3		
需求支持	1		
	2		
	3		

職場感悟

——如果讓員工寫工作日報，每週寫週報，每月寫月報，會不會被罵

我認為這要看公司員工的認知層次，正規的企業一般是要求員工制定日計畫、週計畫、月計畫和年計畫的。這些工作屬於常規的標準化動作，屬於專業經理人的時間管理技能的範疇。

時間管理有三個法則、三個工具。

一、時間管理的法則

(一) 二八法則

一個人的時間和精力都是非常有限的，要想真正做好每一件事情幾乎是不可能的，要學會合理地分配時間和精力。面面俱到不如重點突破。把 80%的資源利用在能出關鍵效益的 20%的方面，這 20%的方面又能帶動其餘 80%的發展。

重新審視工作時間表，分出事情的輕重緩急，要毫不留情地拋棄低價值的活動，永遠先做最重要的事情。

核心理念：人類社會 20%的資源，與 80%的資源活動有關。

應用要訣：要事第一，重要產品第一，關鍵人物第一，核心環節第一。

（二）第二象限法則

第二象限法則是時間管理理論的一個重要觀念，是指重點把主要的精力和時間，集中放在處理那些重要但不緊急的工作上，這樣可以做到未雨綢繆，防患於未然。在人們的日常工作中，很多時候往往有機會很好地計劃和完成一件事，但常常沒有及時去做，隨著時間推移，造成工作品質下降。因此，應把主要的精力有重點地放在重要但不緊急的「象限」上，合理安排時間。有一個好方法是建立預約。建立了預約，自己的時間才不會被別人所占用，從而有效地開展工作。

（三）ABC 法則

A B C 時間管理法是美國管理學家亞倫 · 拉凱 (Alan Lakein) 提出的一種管理方式，他把工作分為 A、B、C 三個等級，A 級為最重要、必須完成的工作，B 級為較重要、應該完成的工作，C 級為較不重要、可以暫時擱置的工作。

ABC 時間管理的步驟如下。

1. 列出目標：每日工作前列出「日工作清單」。
2. 目標分類：對「日工作清單」分類。
3. 排列順序：根據工作的重要性、緊急程度確定 ABC 順序。

4. 分配時間：按 ABC 級別順序定出工作日程表及時間分配情況。
5. 實施：集中精力完成 A 類工作，效果滿意，再轉向 B 類工作。對於 C 類工作，在時間精力充沛的情況下，可自己完成，但應大膽減少 C 類工作，盡可能委派他人執行，以節省時間。
6. 記錄：記錄每一事件消耗的時間。
7. 總結：工作結束時評價時間應用情況，以不斷提高自己有效利用時間的技能。

二、時間管理的三個工具

(一) 日計畫

每天都要做日計畫。下班前抽出 15 ～ 30 分鐘的時間，總結今天的工作要項，同時根據週計畫、月計畫把第二天的工作計畫制定出來，按照重要程度排序。

第二天早上按照日計畫開始工作，先做重要的，再做次重要的。同時要留出彈性時間，如果是經理，至少要留出40%的時間來應付突發事件。

(二) 會議管理

會議管理可以參照韓國三星集團的 9 個凡是。

1. 凡是會議，必有準備

在三星，永遠不開沒有準備的會議，重大的會議都有事先檢查制度，沒有準備好的會議必須取消。在會議開始前，必須把會議材料提前發給與會人員，與會人員要提前看材料並做好準備，不能進了會議室才開始思考。

2. 凡是會議，必有主題

在三星，開會必須要有明確的目的，為會議準備的 PPT，在前 3 頁 PPT 中，必須顯示會議主題。會議的主題，要事先通知與會人員。

3. 凡是會議，必有紀律

在三星，開會時要設一名紀律檢查官（一般由主持人擔任），在會議前先宣布會議紀律，對於遲到者要處罰，對於會議上不按流程進行者要提醒，對於發言帶情緒者要提醒，對於開小會私下討論的行為要提醒和處罰，對於在會上發脾氣和攻擊他人行為要進行處罰。

4. 凡是會議，會前必有議程

要在會議之前明確清楚會議的議程，會議組織人員要在會前將議程以書面的形式，發給各參加會議的人員，使他們能了解會議的目的、時間、內容，使他們能有充分的時間準備相關的數據和安排好相關工作。每一項討論必須控制時間，不能泛泛而談。

5. 凡是會議，必有結果

開會的目的就是解決問題，會議如果沒有達成結果，將是對大家時間的浪費。所以，每個人都要積極地參與到會議議程中來，會議監督官有權利打斷那些偏離會議主題的冗長發言，會議時間最好控制在 1.5 ～ 2 小時以內，時間太長會超過人的疲勞限度。會議主持人要設定時間提醒，現在還有 60 分鐘，還有 30 分鐘，還有 10 分鐘等。會議的決議要形成紀錄，並當場宣讀出來確認。沒有確認的結論，可以另外再討論；達成決議並確認的結論，馬上進入執行程式。

6. 凡是開會，必有訓練

三星把培訓看成是節約時間成本的投資，能讓員工快速成長。培訓員工，讓員工減少犯錯，提升技能，本質上是提高了時間價值。

三星有專門針對如何開會的培訓，對每個層級的員工都有足夠的「會議訓練」，例如如何開會，如何主持，如何記錄，如何追蹤，如何對待分歧，如何彙報等。這些必要的訓練會讓公司的會議變得高效。

7. 凡是開會，必須守時

設定時間，準時開始、準時結束。準時開始、準時結束實際上就是尊重別人的時間，開會一定要準時，並要對每個議程定個大致的時間限制，一個議題不能討論過久，如不能得出結論可暫放一下避免影響其他議題。如果一個議題必須要有結論，要事先通知與會人員，讓他們有思想準備。

8. 凡是開會，必有記錄

一定要有準確完整的會議紀錄，每次會議要形成決議，會議的各項決議一定要有具體執行人員及完成期限。若此項決議的完成需要多方資源，一定要在決議記錄中明確說明，避免會後互相推諉，影響決議的完成，這點非常重要。

9. 凡是散會，必有事後追蹤

記住，「散會不追蹤，開會一場空」。加強稽核檢查，要建立會議事後追蹤程式，會議每項決議都要有追蹤、稽核檢查，如有意外可及時發現、適時調整，確保各項會議決議都能完成。很多企業管理人員都沒有這樣的意識和習慣，企業的高層也缺乏這樣的要求。

三個簡單卻很有意義的公式，一定要注意。

①開會＋不落實＝零

②布置工作＋不檢查＝零

③抓住不落實的事＋追究不落實的人＝落實

(三) 會見管理

會見管理中不管是主動拜訪還是接見客人，一定要建立預約機制。這樣可以把會見雙方的時間高效利用起來。

比如提前預約，告知對方大約什麼時間見面，談論什麼事情，大約需要多長時間等等。

第 4 堂課
輔導人 —— 在職授能　有效改善

本章講的是如何把工作委派給下屬。實際工作場景中，經常會有領導者說：「我不管過程，只要結果。」如果是老闆說這句話，還情有可原，畢竟老闆太忙，如果是中層經理說這樣的話，那麼公司的經營風險會無形中增加不少。以筆者多年的工作和培訓諮詢的經驗來看，大多只要結果不要過程的領導者，管理能力都不高，不怎麼會帶下屬。

經理把員工招募到團隊中，委派任務之後，如果員工不會做，那麼其首要的任務是輔導員工，而不是強求結果。有個統計數據很有價值：員工工作中最需要的幫助不是培訓，而是上級主管的職位輔導，後者占到 70%的比例。

在實際工作中，也有很多主管花了很多的時間帶下屬，但效果不佳，甚至與下屬之間反目成仇。所以這一節課主要介紹如何高效輔導員工，主要講情境輔導和績效輔導兩個技能。

本章節學習內容。

- ◆ 基於情境的輔導
- ◆ 績效輔導的基本步驟
- ◆ 兩個教練式輔導工具

一、基於情境的輔導

中高階主管輔導下屬是基於員工手頭的工作開展的，即工作輔導一定是基於工作情境開展，基於情境的輔導屬於前面講到的「經營人」的範疇。要想做好員工輔導，首先要弄明白員工需要什麼樣的幫助，而不能主觀臆斷，否則會出現「你媽覺得你冷」的笑話。然後再基於員工發展階段和工作情境匹配合適的輔導工具，達到輔導員工的目的。下面詳細介紹一下情境輔導。

(一) 員工發展的四個階段

輔導和鼓勵下屬之前，要明確員工處於工作任務的哪個階段，判斷好工作情境才好對症下藥。根據工作能力和工作意願兩個項度，將員工的成長情況分為四個發展階段，如圖 4-1 所示。

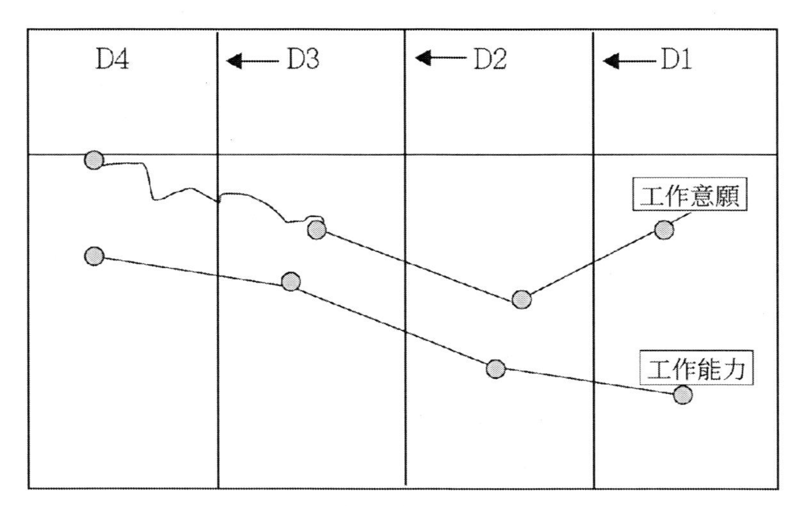

圖 4-1　員工發展的四個階段

◆ 第一階段：工作能力弱、工作意願高。

◆ 第二階段：有部分工作能力、工作意願低。

◆ 第三階段：工作能力中至強、工作意願不足。

◆ 第四階段：工作能力強、工作意願高。

員工的發展階段可以用新員工入職的心路歷程來解讀，範例如下。

第一階段是新員工剛進入公司時，一般他們的工作意願都很高，想著多投入，能夠更快地被主管和同事們接受，可是工作能力相對較低。尤其是剛畢業的大學生，基本不知道應該怎麼做事，缺乏工作能力和工作經驗。即使是有工作經驗的員工，剛到一家公司，也未必能完全快速達到職位工作要求，因為原公司的工作流程和新公司的工作流程存在差異性，原企業可能是按照 1-2-3 的順序來操作，新公司可能就變成了 3-2-1 的順序。所以員工入職之後，需進行新員工培訓，還需要在職培訓。新員工剛開始工作的時候，常常會出現的情況是：懷著一腔熱血地把事情弄糟了。所以這個階段需要領導者多留一些注意力在這些新員工身上，這也是新員工願意接受的。

如果在第一階段沒有進行適當的輔導和鼓勵，新員工會迅速進入第二個階段，經歷過幾次事故，尤其是跳進了老員工「不小心」挖的坑，新員工就會認為公司原來沒有想像中那麼好，主管也沒有想像中那麼好，同事不太好相處，工作內容也不太滿意，於是工作能力非但沒提升，工作意願還迅速降低。這個時候的員工要麼選擇離開，要麼就意志消沉了。這就意味著，在新員工入職後，需要中高階主管有主動輔導和鼓勵的動作，新員工做得好的地方要及時鼓勵，做得不好的時候要及時輔導，要幫助員工建立自信心，提升工作技能，使其更快地適應職位要求。員工與上級的「蜜月期」一過，第二階段的員工多多少少都會出現一段不適應期。這個時候如果上級不關注、不輔導新員工，公司的「老鳥」就會主動去接近、輔導新員工，很容易影響新員工。而到那個時候，上級就只能放棄這些新員工了。而應徵新人，適應和培養都需要時間和精力，這樣就浪費了大量的資源。

如果在第二階段上級不拋棄、不放棄此類員工，對新員工不懂的地方及時輔導，新員工不開心的時候與其勤溝通。到了第三個階段，員工的能力就會逐步提升，工做也能做得好。如果領導者的能力沒有很突出，第三階段的員工的工作能力和工作技能基本上可以跟主管相當，員工就達到了「快牛」的水準。多數企業習慣「鞭打快牛」，誰做事效率高，被安排的工作也多，容易出現做得多錯得多的現象。如果主管情緒管理能力較弱，下屬挨批也會增多，這樣下來到了年底，員工的收入不一定高多少，心情可能也不好，這個時候員工就會開始搖擺不定，工作意願時高時低。一些能力不錯的員工會拒絕主管安排的其他工作，理由可能是太忙或者資源不夠。所以在這個階段，主管要多給予員工理解和支持，做個知心大姐或者知心大哥，不能施壓，要適度地講道理。

如果員工慢慢適應公司的工作節奏，漸漸在人職匹配的三個層次上適應了公司的要求，員工就進入了第四階段，這時員工能力強、意願高。這個階段的員工從技術水準上看不會比主管弱，工作意願（敬業度）也高。這個階段的員工一般是要予以晉升的，屬於公司的優秀員工和優秀經理，每年評優基本上就是這些人。對於他們，主管需要給予完全的信任和適度的授權。

所以，員工在不同的階段有不同的需求。而員工在處理某一項工作任務或某一個專案時，也可能會出現這四個不同階段的特徵，如表4-1所示。所以只有先明確階段，了解員工的實際需求，才能做有針對性的輔導。

表 4-1　員工發展四階段總結

階段	工作能力與意願	工作情況	水準
D1	工作能力弱、工作意願高	完全沒有概念	新手
D2	工作能力弱或能力平平，工作意願低	需要在他人的指導和幫助下工作	初級
D3	工作能力中或強，意願動搖不定	能夠獨立完成工作	獨立
D4	工作能力強，工作意願高	能夠指導他人進行工作，在本領域內能提供諮詢，擔當顧問	高手（專家）

在不同的發展階段，員工的需求也是不同的。

1. 熱情洋溢的初學者的需求

這個階段的員工工作能力弱、工作意願高，在工作上，他們對上級的需求有以下 11 點。

(1) 明確的目標（知道明確的工作目標、知道做好工作的標準）

第一階段的員工需要知道明確的工作目標，以及工作目標的衡量標準都有哪些，這樣在啟動工作和工作進行中，可以做到心中有數。這個內容實際上也是蓋洛普 Q12 測評法中的 Q1。

對於新員工或者接手新工作的員工，尤其需要了解工作目標和工作標準，以及工作重點有哪些。新員工也很怕發生懷著一腔熱血做錯事情的情況，那樣不僅會影響新員工的工作意願，也會給部門工作帶來損失。

(2) 職責與規範

從工作分析的角度看，每年公司年度規劃確定之後，緊接著就是組織結構的調整，然後是部門和職位職責的重新梳理和改善。所以職責的改善對於新人來說需要提早告知，避免出現一味蠻幹的情況。同時，公司年度規劃重點傳達是需要時間和精力的，各級領導者的理解能力和執行能力決定了傳達的效果。所以在組織架構調整、職位職責規範和績效目標確定之後，員工非常迫切地需要知道：主管要我做什麼？怎麼做？

規範就是工作規範或者職位規範，是職位職責細化的產物，如果公司可以把這一步做到，對於這個階段的員工來說是最好不過了。

(3) 行動計畫（有人對他說明怎麼做、何時做、跟誰一起做）

新員工非常想知道具體的行動計畫有哪些，這意味著主管不僅要做工作計畫，還要把工作細節告知新員工，告知他怎麼做、何時做、跟誰一起做。

(4) 工作完成的時限

領導要準確告知員工工作完成的時長及各時間節點。

(5) 工作的優先順序

員工對職位工作內容的優先順序不是很清楚，迫切需要主管給予清晰地安排。主管不能圖省事，把工作甩給下屬了事，那樣會出現不可控的局面。

筆者曾經的一位同事負責公司培訓工作，有一次交談時他問我：「你是怎麼安排工作的？」我說：「我會把下屬能做的工作委派給他們。新的工作如果下屬有比較清晰的思路，我會讓他們試試；下屬承擔不了的工作，我會自己做。」而這位同事的做法恰恰是相反的，他會做的自己做，不會做的安排給下屬。如果是這樣的工作套路，那麼第一階段的員工可能對工作毫無頭緒，最後連為何出錯都搞不清楚。

(6) 工作成果經常得到回饋

新員工對於自己工作的完成結果一般心裡都沒底，尤其希望自己的主管能夠時不時指點一下，例如工作方法合理不合理、工作成果是否達到了公司和主管的要求。業務領導如果能時常指點員工，員工的士氣會持續保持在較高的狀態。

(7) 知道個人工作表現和成效的數據是用什麼方法收集，以及應該給哪些人看

員工可能在工作上有了產出或者結果，公司對於這個工作是看過程、看結果，還是兩者都看；是在 OA 上收集數據，還是以 Excel 的形式收集；公司什麼級別的主管會關注這項工作，關注哪些內容。這些資訊都需要主管提前告知，以便員工能夠重點關注。

(8) 在公司工作的不成文的規定

公司內部不成文的規定，說白了就是潛規則。例如，有些主管習慣中午吃完飯後休息一下，下午兩點半後再開始上班。如果新員工不清楚領導的這個習慣，在下午兩點半之前敲門彙報工作，結果可能會不太好。

(9) 任務和組織的相關數據

例如，過往其他員工完成過的類似工作的流程和結果，公司內的行為規範和制度。避免新員工不清楚怎麼做事，只憑藉一腔熱情做事，這樣容易把工作搞砸。

(10) 員工對工作的熱忱被肯定

員工需要工作熱忱被肯定，雖然第一階段的員工效率不是最高的，但熱情度高，這時候如果能受到主管的讚美，會備受鼓舞。例如，主管走到員工身邊拍拍肩膀說：「小李，做得不錯。」

第一階段員工的產出一般來說不會很顯眼，甚至會時不時地出現差錯。所以新手最值得肯定的就是工作熱情了。

(11) 實務訓練

新手需要實務訓練，尤其是技能型的職位，需要主管直接向員工示範如何操作。這個階段的培訓工作最主要的是內部的在職培訓。

2. 憧憬幻滅的學習者的需求

這個階段的員工工作能力弱或能力平平、工作意願低，在工作中他們對上級的需求有以下 8 點。

(1) 明確的目標和願景

第二階段的員工在接受工作的時候，需要知道明確的目標和願景。員工希望領導不僅要告知工作目標和工作標準，還要告知所在的職位在公司內從長遠來看會如何發展，讓自己看到希望。第二階段的員工如果缺乏上級的關注，哪怕只是暫時沒有其他更好的機會，即使留在公司內，也會消極怠工。

(2) 知道為什麼做某事的理由

第二階段的員工需要知道為什麼做某事的理由，而第一階段的員工根本沒有這個方面的要求，因為工作意願高。第二階段的員工工作意願下降，最重要的原因是他們感覺公司現狀和自己期待的相差太大，只有讓他們知道領導安排任何工作的真實目的是什麼，他們才能心無旁騖地開展工作。

(3) 經常得到有關工作成果的回饋

第二階段的員工希望自己做得不好的地方能得到建設性的意見，進步的地方要得到表揚。因為第二階段的員工對自己信心不足，對周圍的人缺乏信任，所以他們期望管理者時不時地和他們溝通工作情況，其實是為了保持接觸。否則第二階段的員工很容易流失。

(4)進步時得到表揚

蓋洛普 Q12 測評法中的 Q4 是員工希望一週之內能被自己的主管表揚一次。第二階段的員工工作如果有起色，或者達到普通員工的水準，會迫切地希望得到主管的表揚和認可，畢竟他們能夠做出一些業績實在是太難了。

(5)有人告訴他們不必害怕犯錯

對於「做什麼不行，吃什麼都好吃」的員工，一般的主管會把他們拋棄或者孤立。但是，第二階段的員工其實需要的是主管告訴他們不必害怕犯錯，出了問題主管會擔著的，這樣會給員工帶來信心和溫暖，否則員工很容易喪失信心。

(6)有機會討論他們所顧慮的問題

第二階段的員工需要一個安全的環境來表達工作中遇到的困難或問題，因為這個階段主管和員工之間的信任感還沒有完全建立起來，員工很少會主動發表觀點。而如果總是不能表達自己的感受和困難，第二階段的員工會感到孤獨，內心是寂寞的，工作開展不了，上下級和同事之間的關係建立不起來，這樣的情況久了之後，員工會離開的。所以最好能有可以表達顧慮而又沒有太多顧慮的情境給第二階段的員工，這需要中高階主管不但要有工作經驗，還要有較高的情商。

(7)參與制定決策與解決問題

第二階段的員工希望主管帶他們參與制定決策與解決問題的機會，不是說他們水準有多高，而是他們不想孤立無援，那樣會沒有歸屬感。即便第二階段的員工能力還沒有提升到很高的水準，他們也希望能夠知道公司或部門都在做什麼事，他們很願意提出自己的建議，這是存在感的證明。

(8)鼓勵

第二階段的員工需要中高階主管勤鼓勵、勤表揚，與之保持接觸，切忌批評過多。

第二階段的員工為什麼會產生憧憬幻滅？主要有以下幾點原因。

①工作比想像得困難

貌似很簡單的工作，或者別人很容易處理的工作，但是第二階段的員工由於工作能力和工作意願的雙重低迷，就會自然而然地做不動。

②沒人看到他們的努力

第二階段的員工工作能力欠缺，做事情的時候自然是事倍功半。每天加班加點，點燈熬油，可就是不出活。在外人看來就是笨。人都喜歡貼標籤，久而久之，缺乏能力的員工也會失去工作的意願。

③沒有得到幫助

這個階段的員工非常需要主管和同事的幫助，他們得到的幫助就像黑夜中的明燈一樣，可是有些管理者習慣拿著結果考核，喜歡鞭打快牛。所以，第二階段的員工很無助。

④要學習的東西很多

前面講過，學習是意願，同時也是能力。能力不夠就需要學習，若等事到臨頭的時候再學習，那要學的東西就太多、太難了。

⑤工作枯燥

一年到頭全是瑣碎的小事，沒有一件需要決策的大事，大多還是重複性的工作，怎麼也提不起精神。

⑥目標衝突，缺乏優先性

如果公司管理不規範，發展目標調來調去，沒有規劃性，對於大多數初級職位的員工絕對具有殺傷力。

3. 搖擺不定的執行者

這個階段的員工工作能力中至強、工作意願搖擺不定，在工作中他們對上級的需求有以下 6 點。

(1) 一位平易近人的良師和教練

第三階段的員工能力中至強，他們屬於能做事的快牛，同時也熟悉公司的業務和流程，只是被鞭打快牛慣了，鼓勵鼓勵也不夠，所以工作意願搖擺不定。他們需要的不是上下級界限很清晰的主管，也不需要一位指手畫腳的主管，他們需要一位可靠的師父或者教練，不僅讓他們工作舒心，還能學到新的東西。畢竟處於這一階段的員工換個公司還是很容易的。

他們大多數情況下的態度是：主管對我好，我就多做，主管對我不好，我就少做。

(2) 可以有機會表達顧慮

這個階段的員工一般都是公司的老人，或者成熟度比較高的專業經理人，他們不需要上級特別創造情境來表達工作上的顧慮。有的時候，在接受工作的時候，他們會主動跟上級交流工作開展的步驟和所需要的資源，同時會把個人的顧慮合理表達出來。作為主管，一定要有耐心聽員工的表達，而不要僅僅當作是他們推辭工作的藉口。有的時候，換位思考一下，員工真的不是不願意做事，而是手頭的工做太多了，員工擔心會耽誤事情，所以需要從主管那裡知道任務的優先順序。有的時候，他們還會顧慮事情搞砸，影響他們的形象和個人品牌。

(3) 達到目標的障礙被清除

一般來說，第三階段的員工手頭的工作都不少，而資源往往欠缺，所以承擔的任務多了，加班加點就是他們的常態。有的時候忙中出錯，還會影響專案進度或者個人威望。這個時候，他們希望主管在交代工作的時候，最好能把資源配置到位，該給人的給人，該給的錢給到位，不能既想讓馬兒跑，連口清水都不給喝。當然，需要跨部門溝通的時候，員工還是希望自己的主管能夠親自參加助陣的。

(4) 得到支持與鼓勵，去發展解決問題的技巧

第三階段的員工不缺乏基本的工作技能，工作能力也足以應付當下的工作。他們希望公司和主管能夠為他們今後的職業發展提供必要的支持和幫助，最好為他們提供培訓的機會，尤其是案例式、實操類的培訓。他們也希望參與公司的前沿技術和新專案，並且在工作中和工作之外能夠有能力方面的提升。

(5) 高水準的能力與表現能受到讚揚與肯定

第三階段的員工工作能力沒有問題，一般性的工作在他們那裡基本上就是輕車熟路，所以他們不需要主管有事沒事的就表揚一下，那樣反而顯得主管很虛偽。但是當他們表現出高水準的能力與做出大業績的時候，主管一定要不吝誇讚和表揚。

(6) 用客觀的眼光來評估他的工作技能，幫助其建立信心

這需要一些技巧，例如主管可以對這個階段的員工說：「老王，你現在的水準跟我在這個年齡時的水準相比，好多了！」

這樣有利於幫助員工建立信心，持續向好的方向出發。

4. 能力強、意願高的執行者

這個階段的員工工作能力強、工作意願高，在工作上，他們對上級的需求有以下 5 點。

(1) 需要變化與挑戰

第四階段的員工能力強、意願高，屬於敬業度非常高的類型。單項工作能力比起自己的上級有過之而無不及，同時又高度認同企業的文化價值觀。對他們來講，職位工作帶來的挑戰可以忽略不計了。往往其他同事費九牛二虎之力才能完成的工作，在他們那裡基本上三下五除二就解決了。所謂的技術性工作，在他們手裡已經駕輕就熟。所以他們更希望接觸工作中的變化和挑戰，這樣可以帶來新鮮感和成就感。

(2) 需要得到授權（自主）或權威

由於第四階段的員工屬於成手，員工非常清楚地知道自己要做什麼、如何做，相對會比較從容，所以不太願意事事請示。他們希望在自己可控的領域內得到主管授權，能夠自主地開展工作，當然需要按照計畫開展工作，不是不受控的狀態。如果主管總是指手畫腳，並且說不到重點，會被此類員工輕視。

(3) 需要受到信賴

第四階段的員工有把工作做到優秀的本事，也有足夠高的自信，他們希望被主管認同和賞識，也希望得到同事和下屬的信賴。

(4) 自己的貢獻得到感謝

一般來說，優秀的員工工作產出是非常高的。據一家諮詢公司統計，優秀員工的工作效率是一般員工的 3 ～ 10 倍，這也是為什麼大多數經理人願意鞭打快牛的原因。優秀員工的工作產出多、貢獻大，很多經理人習以為常，很少有企業領導者能夠客觀公平地給這些優秀員工對等的待遇，以至於寒了這些人的心，有些人會離職或者「退化」為第三階段的員工。

所以，對於第四階段的員工，在合適的時機，比如年底評優、薪酬調整和職位晉升的時候，一定要優先考慮，並對他們的貢獻給予真誠的感謝。

在稱呼上也要有不同，比如可以稱呼第一、第二階段的員工「小李」；稱呼第三階段的員工為「老李」；稱呼第四階段的員工為「李哥」。

(5) 做一位良師或同事型的領導者，而不是一位老闆型的領導者

要給予第四階段的員工足夠的尊重。筆者曾經服務過的一家企業，總經理是「七年級生」，他的司機也是「七年級生」，每次在車上，如果有人打電話問總經理是否方便接聽時，總經理都會說：「方便，我跟我同事在一起呢。」司機一聽心裡就很溫暖。老闆把自己當成同事，說明是平等的。這名司機不僅開車技術好，還承擔了接送總經理家人的任務，總經理對他也放心。

(二) 匹配四個階段的四種輔導（領導）方式

如果希望管理和輔導好上述四個階段的員工，就需要配有針對性的管理方式。

通常情況下，領導行為分為兩類：指導行為和支持行為。

指導行為

- ◆ 告訴下屬要做什麼、何時做以及怎麼做。
- ◆ 明確界定領導者與下屬的角色。

- ◆ 密切督導工作的成效表現。

主要的動作

- ◆ 設定目標和預期的成果。
- ◆ 預先規劃及組織工作的內容。
- ◆ 說明工作的優先順序。
- ◆ 將角色劃分清楚。
- ◆ 設定工作期限。
- ◆ 決定評估與追蹤成效的方法。
- ◆ 教導下屬如何進行一件特定的任務。
- ◆ 密切督導工作的進展。

指導行為最重要的四個動作：計劃、組織、教導、督導。

支持行為

- ◆ 盡量採用雙向溝通。
- ◆ 傾聽，並提供支持和鼓勵。
- ◆ 讓下屬參與決策的制定。
- ◆ 鼓勵並促成下屬獨立自主地解決問題。

筆者根據指導行為和支持行為這兩個項度，將領導方式分為四種，對應員工的四個發展階段，如圖 4-2 所示。

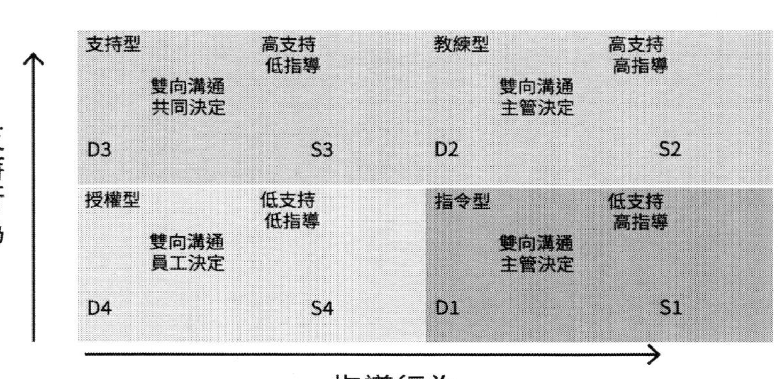

圖 4-2　領導風格與員工發展階段的匹配

- 第一階段員工適合低支持、高指導行為，因為他們想做事但不知道怎麼做，偏單向溝通，主管決定。
- 第二階段員工適合高支持、高指導行為，偏雙向溝通，主管要多問他們為什麼、要什麼，也是領導決定。
- 第三個階段員工適合高支持、低指導行為，也是雙向溝通，但決策要共同來決定。
- 第四個階段員工適合低支持、低指導行為，單向溝通，充分授權，讓員工自己決定，只要跟主管彙報即可。

具體行為動作詳解如下。

1. 指令型的領導者具體的行為

指令型的領導者的具體行為對應員工發展的第一個階段，員工能力低、意願高，所以採用低支持、高指導行為。

(1) 主導制定行動計畫

指令型的領導者在領導和輔導下屬的時候，占有絕對的主動位置。因為這個階段的員工屬於一腔熱血的狀態，你讓他們打下手，他們也許還會給你捅婁子。員工有意願、能力不夠，在工作中沒有章法，或者不了解企業現狀。所以帶這類員工的時候，由上級主導制定行動計畫，這樣會比較可靠。

(2) 說明所期望的成果、目標及時限

在行動的前、中、後期，要跟員工交代清楚工作的目標有哪些，最主要的工作成果是什麼，以及工作時限。因為第一階段的員工對於工作基本上沒什麼概念。所以要把這些內容交代清楚，避免將來一問三不知。

(3) 說明好的工作成果是什麼樣子、用什麼方法來評估好壞、評估的標準是什麼

即使是新手也需要績效評估，領導者交代員工清楚的目標之後，要把工作成果如何考核以及有什麼方法考核說清楚，避免出現事後考核的時候，雙方都不認帳的情形。其實無論主管安排什麼工作，這個階段的員工只是接收，因為他們心裡沒什麼概念，過程中需要大量的指導和幫扶。

(4) 在「做什麼」、「何時做」、「跟誰做」等方面做出絕大部分決定

行動計畫是上級制定的，具體工作實際上也是員工在上級的指導下完成的，甚至主要工作也是上級親自動手操刀的。

所以在做什麼、何時做、怎麼做、跟誰做、在哪裡做、什麼時候做等方面，以上級的決定為主，下屬要做好配合。

(5) 提供詳盡的指導和說明

上級要向下屬詳細說清楚職位職責、操作規範、工作內容、考核標準，同時在下屬工作的過程中，提供全程的監督和指導，就像貼身保母一樣，避免出現下屬好心辦壞事的情況。

(6)經常提供後續步驟與回饋

在整個工作過程中，主管既要把前面說明的事做到位，過程中也要幫著把關，同時要對後續的工作動作提供相應的指導。還要對工作中的情況做回饋，以提高下屬上手的速度。

(7)感謝下屬的工作熱情

蓋洛普 Q12 測評法中的 Q4 提到每週表揚一次下屬，這個階段的員工除了工作意願之外，實在乏善可陳，所以要多認同對方的工作熱情，讓員工踏實工作，盡快提升。

(8)感謝下屬所擁有的可轉移的技能，以及截至目前的進步

可轉移的技能是指一些通用的工作技能和管理技能，可以適用於不同的職位，如果當下的職位有些可遷移的技能需要下屬掌握，上級要多關注下屬的掌握情況，如果有進步要及時提出表揚，以鼓勵下屬盡快全部掌握。

(9)制定計畫讓下屬學習新技能

針對下屬的工作職責，規範當下的工作內容，制定下屬在職學習的針對性的訓練計畫，讓下屬逐步掌握必備的工作技巧，提升他們的工作技能。

(10)主導問題的解決

從上面的 9 個內容可看出來，除了工作計畫是上級制定的之外，計畫的執行和相關問題的解決，上級也造成了主導的地位。計畫是主管定，解決方案也是主管定，下屬基本是輔助領導完成任務，可見帶新人是一個苦力活。

2. 教練型的領導者具體的行為

教練型的領導者對應員工發展的第二個階段，即員工能力低、意願低的狀況，需採用高支持、高指導行為。

(1) 說明為什麼要以某種特定方式做事的理由

針對第二階段的員工能力弱、意願低的特點，教練型的領導者會對他們同時採取高支持、高指導行為，不僅要求他們做什麼事情，還要苦口婆心地告知他們為什麼如此操作。目的是為了打消對方的疑慮，使其專心投入到工作之中。

(2) 讓下屬參與找出問題與設定目標

這裡強調一個詞：參與。第一階段的員工只要接受命令即可，因為其工作意願非常高，而第二階段的員工由於工作意願低，為了不讓他們職業倦怠，教練型的領導者即使知道下屬能力低，也會跟他們保持接觸，在做問題分析和工作目標設定的時候會有意識地讓他們參與進來。即使對方能力不足，也不會放任自流。

(3) 讓下屬參與解決問題以及制定決策，建立信任

這裡再強調一點：參與。目標設定好了之後，在解決問題和制定行動決策的時候，也要讓下屬參與進來。很多公司的專案組或者工作團隊，基本都是老中青搭配，即使年輕人能力不足，團隊領導者也會讓年輕人參與進來，在工作進行中或者專案發展中提升年輕人的工作能力和自信心。

在團隊討論中，即使下屬的意見沒有什麼幫助，也要做意見徵詢，這會讓下屬的參與感逐步增強。只要有了意願，剩下的就是時間和歷練了。

一個工作能力不強，工作意願也不足的員工，非常考驗領導者的耐性和意願。試想一下，一個「做什麼都不行，不推不動，推一下動一動」的員工，無論是在誰的手下都會令人生厭的。

(4) 傾聽 —— 提供機會讓下屬表達他的顧慮及分享他的意見

前面講過第二階段的員工對主管和同事有很強的不信任感。在一般的工作場景下，他們不會跟周圍的人討論他們的顧慮，一方面怕被人笑話，另一方面怕暴露個人的缺點和不足。所以中高階主管一定要想辦法創造讓此類下屬能夠敞開心扉的環境，深入交流一下，讓對方把真實想法說一說。此外，非常重要的一點是，領導者在溝通完畢之後的第二天，至少當週就要有所行動、給予回饋，給第二階段的員工以信心。

只要建立了信任，慢慢地，上下級之間的連線就會搭建起來，員工的轉變就可以預期。

(5) 與下屬商討好的工作成果是什麼樣子，以及要用什麼方法來評估工作成效

工作目標和工作計畫確定之後，上下級之間還要就工作的績效達成共識，互動起來。上級要跟下級商量好自己期望的成果是什麼樣的，可以徵求下級的意見，同時雙方要就考核評估的方法和評估標準達成一致，避免相互之間出現誤解。

(6) 聆聽下屬的意見及感受之後，就行動計畫做出最後的決定

在教練型領導這種方式下，上級要學會問問題，同時要控制自己說話的欲望，學會傾聽，讓下屬多說。要學會多問為什麼？你怎麼想的？你認為呢？你怎麼看？以此激發下屬的表達意願。

在行動計畫確認之前，領導要跟下屬溝通，聽聽對方的想法，合理的就吸納，不合理的就放棄。最終的方案還是需要上級拍板，畢竟下屬的工作能力和工作經驗還是不足以擔當大任。

(7) 事情要多久才能做成，提出你的期望；事情的發展與它的成效是否符合預期

這個時候不能像對待第一階段的員工那樣，直接給指令，命令對方去做事情，而是要跟對方互動。即使是工作期間，也要委婉地提出個人的建議，比如，我感覺以你的能力兩週之內可以完成這項工作。在計畫實施過程中，時不時地給予進度回饋，態度也要客氣一些，比如，「小李，你目前的進度跟我們預期的差不多，加油！有問題就來找我」。員工按照應有的軌道進行工作，主管要提出回饋意見。

(8) 給予支持、再確定以及讚揚

教練型的領導者給予員工正面的鼓勵比較多，無論工作進展如何，都要確認可以提供支持和幫助。如果對方做得中規中矩，要及時表揚，時不時確認一下對方的進步和工作角色。

(9) 繼續提供後續步驟與回饋

這個階段的員工工作涉入程度會深入一些，工作能力比第一階段要高一些，但也強不了太多，所以上級在工作過程中，要時不時地給予對方回饋和輔導，在工作職位上的培育要比課堂培訓有效得多。

(10) 就不斷求取新技術及改進技術方面，提供指導及訓練

教練型的領導者要根據員工的情況，鼓勵他們學習新技術，或者改進現有的技術，如果下屬有學習的意願，就趁機多給予指導和教導；如果意願度不高，一定要提高對方的參與度，無論如何不能讓對方職業倦怠。

教練型的領導者屬於又當爸又當媽的角色，非常辛苦，不過總有一天會苦盡甘來。試想一下：你的團隊成員每個人都是你手把手教出來的，不但技術動作上一致，還能彼此配合，上下級的感情也很融洽，這樣的團隊是無敵的。

3. 支持型的領導者具體的行為

支持型的領導者對應員工發展的第三個階段，員工能力中至強，意願搖擺不定，所以採用高支持、低指導行為。

(1)讓下屬分擔找出問題與設定目標的責任

這裡強調兩個字：分擔。教練型的領導者採取的方式是參與，支持型的領導者採取的策略是分擔，因為第三階段的員工，工作能力是中至強，已經屬於快牛的行列了，做事肯定沒有問題。上下級之間已經在一起配合了很長的時間，較了解彼此，雖然是上下級關係，但是如果工作之外還有感情連線的話，那麼彼此之間就是朋友關係。很多公司的副總經理和部門總經理之間的關係其實很微妙，甚至有些強勢的部門總經理會比上級更有實權。

有些上級在接手新的工作任務時，內心是想著找個下屬分擔工作重擔的。他們表達的時候也是這樣：「老李，上級給了一個大工作，我們來商量一下，做個分工吧。」

(2)傾聽並鼓勵下屬獨立自主地解決問題及制定決策

第三階段的員工具備比較成熟的工作技能，上下級談工作的時候，上級可以開個頭，然後聽聽下級的想法。如果對方的想法較為完善，就鼓勵對方把工作承擔了，讓下屬獨立自主地設定解決問題的方案，這也是上級擺脫日常工作的一個很好的方式。

(3) 扮演共鳴者的角色，鼓勵下屬表達他的顧慮及討論他的意見

如果下屬遇到了困難找上級抱怨，或者說他們的顧慮，上級可以扮演共鳴者的角色。比如：「老李，你說得對，A 公司的王總確實很難對付，我之前跟他打過交道，那段時間真的很痛苦！」領導沒有必要給下屬直接的指令和解決方案，因為下屬有能力解決。

如果下屬是真的有顧慮或者有些方案拿不準，上級可以鼓勵他們把真實的意圖說清楚，跟對方做一個深入的探討，提供必要的幫助。

(4) 請下屬主導行動計畫的制定及問題的解決

如果問題分析和工作目標已經完成，那就請下屬主導行動計畫的制定工作。這樣既發揮了下屬的工作主動性，同時也把領導者從事務性工作中解放了出來，相當於把自己複製了一遍。

(5) 士氣不足的時候，提出不同的方法，來使目標或任務更有趣、更具挑戰性

如果在執行計畫過程中，士氣不足，或者是因為重複性的工作專案，下屬沒有了工作激情，可以讓下屬嘗試不同的工作方案，或者採用不同以往的工作方法來解決問題。或者採取分組競爭的工作方式，設立不同的精神鼓勵獎項，激發下屬和團隊的工作熱情。

(6) 如果下屬為了解決問題而需要幫助，分享你的想法來幫助他

如果下屬在解決問題的時候遇到了困難，找上級求助，上級不要直接給出建議，而是分享你的經驗和想法。例如：「老王，你現在的問題，我在五年前碰到過一次，我說一下我當時是怎麼做的，供你參考。」

記住，到此為止就好了，不需要再有進一步的動作。

(7) 給予下屬再確定、支持、鼓勵和讚揚

下屬每週都需要被表揚一次，對於第三階段的員工，如果真的需要表揚的話，一定是做出了突出的工作貢獻。平時不需要遇事就表揚，而是在工作過程中，對他們的工作進度、採取的策略給予肯定，或者必要的支持就好。因為很多事情他們都懂。

(8) 與下屬一起評估他的工作表現

期末或者工作計畫結束以後，上級可以跟下級一起探討工作的達成情況，對於下屬在工作中取得的成果給予確認和評估。例如：「老李，我們一起評估一下你這個階段（這個專案）的完成情況吧。」

4. 授權型的領導者具體的行為

授權型的領導者對應員工發展的第四個階段，員工能力高、意願高，所以採用低支持、低指導行為。

(1) 與下屬共同找出問題所在，共同決定所期望的工作成果

這裡強調兩個字：共同。在這一步，授權型的領導者與教練型、支持型的領導者的策略變得不同了，因為下屬的能力無可挑剔，他們不但知道自己會做什麼，還知道自己不會做什麼，以及自己值多少錢。這類員工已經不太需要上級做過多的驅動或者鼓勵動作，他們是有自驅力的一類人。上下級在工作中只需要把工作放在桌面上探討即可，雙方除了掌握的資訊不同，基本上可以做平視研討，分析問題，制定決策。

(2) 預期下屬主導目標與行動計畫的設定，以及決策的制定

上級在跟下級探討問題時，無須做過多的交代，雙方探討完畢後，下級可能在第二天就拿著工作計畫來找領導稽核了。這樣的下屬，請問哪個中高階主管會不喜歡呢？

(3)鼓勵下屬自行評估他的工作表現

專案結束或者期末的績效考核打分，領導可以讓下級自行評分，而評分的結果一般來說會比上級的評分略微低一些。因為第四階段的員工對自己的要求比上級對他的要求還要高。

(4)提供機會讓下屬分享及慶祝他的成功，並輔導別人

如果第四階段的下屬工作取得不錯的成果，可以安排他們給本單位或者本部門的同事做一次工作分享，如果可以的話，把新人安排到他的手下或者團隊中，讓他們輔導和培育新人，這也是不小的鼓勵。

(5)肯定、重視及獎勵下屬對集體的貢獻

雖然第四階段的員工給大家的感覺是，做什麼事情都駕輕就熟，輕輕鬆鬆。可是那也是巨大的工作量，優秀的成績也是建立在他們高超的工作技能的基礎上的。所以，應該給予他們的獎勵一點都不能少，甚至要超出他們的預期。因為這類員工的產出是一般員工的 3 ～ 10 倍。如果寒了他們的心，帶來的影響是巨大的。

(6)促使下屬擔負起責任，直接授權

對於第四階段員工駕輕就熟的工作，主管可以在第二年組織架構和職位職責調整的時候，把他們需要授權才能做的工作直接寫入他們的職位說明書內，這樣才是完整的授權。

(7)向下屬提出更高的成效表現的挑戰

第四階段的員工可以放心大膽使用，對於他們的工作目標和工作標準可以適當地定高一些，充分地鍛鍊他們的能力，預期他們可取得更高的成就。適當的壓力和挑戰有利於把他們拉出舒適區，培養的速度也會快一點。

四種領導方式配合不同階段的員工使用，一定不能用錯了。

這四種輔導、領導方式在制度決策和輔導員工的方式上也存在差異性，主要展現在以下幾個方面，如圖 4-3 所示。

形態 3- 支持 我們一起談談，我們決定	形態 2- 教練 我們一起談談，領導者決定
形態 4- 授權 你來決定	形態 1- 指令 我來決定

圖 4-3　領導形態在決策方式上的差異

◆ 形態 1 屬於指令型，所有的決定都由主管來定。

◆ 形態 2 屬於教練型，主管約下屬共同探討方案，但最終決策還是由領導來定。

◆ 形態 3 屬於支持型，主管約下屬共同探討方案並且共同做決策。

◆ 形態 4 屬於授權型，主管直接讓下屬來做決策。

那麼主管在分派任務給下屬時就要做到會診斷，有彈性。

會診斷。中高階主管在委派工作和輔導下屬的時候，首先要評估下屬的發展階段及需求。管理者可以透過直接詢問員工，或在日常觀察和對員工的了解中來確定員工的發展階段及需求，並配以合適的領導方式。例如讓財務總監管理人力資源工作，財務總監未必願意，但如果讓行政總監管理人力資源工作，他一定很開心。所以在分配任務時，也要考慮該任務是不是對方感興趣的。

有彈性。針對員工的發展階段靈活自如地匹配不同的領導風格。領導要基於員工的不同發展階段匹配更適合的領導風格，不能說自己「原生態」是什麼風格，任何時候、任何情況下都是這種風格，那會讓員工在上班時很煎熬。

所有的領導方式、委派方式、輔導方式都是基於情境的。

(三) 工作輔導的要點

1. 工作輔導的要點

筆者總結出 12 條中高階主管幫員工做工作輔導的要點，如圖 4-4 所示。

1. 事先了解員工對此類工作的經驗	7. 讓員工嘗試著做一做
2. 讓員工知道此項工作的重要性	8. 大量的回饋、鼓勵與強化
3. 不要一次性指導太多的工作	9. 協助員工克服知易行難的障礙
4. 鼓勵發問及回饋	10. 不必急於給予指示
5. 以建議的步驟提出示範	11. 以自我啟發的自律性、自發性為依據
6. 用員工所能理解的語言	12. 以符合員工期望為前提

圖 4-4　工作輔導的要點

(1) 事先了解員工對此類工作的經驗

首先要了解清楚員工之前有沒有做過此類工作，做得如何，這既讓員工感覺到主管很可靠，其他同事看著也會覺得該主管很高明。其實目的還是要判斷員工的發展階段。

(2) 讓員工知道此項工作的重要性

無論是一份簡單任務還是複雜任務，主管都要向員工介紹這份工作的重要性，站在公司的使命、願景和價值觀的角度，從公司的年度計畫目標進行層層拆解，最後落到具體的工作任務上。讓員工體會到即使是完成一項簡單的任務，對公司的貢獻也是非常大的。

(3) 不要一次性指導太多的工作

每個員工的工作職責至少有 5 ～ 8 項，如果一次性全部指導一遍，效果往往不好，員工通常該犯的錯還是犯，該不知所措也還是不知所措。所以最好的方式是在執行具體任務的時候再做具體的指導。在沒有具體任務時，可以引導員工看看書或者向員工分享一些自己過往的經驗。要懂得員工的技能水準都是透過做事練出來的。

(4) 鼓勵發問及回饋

主管不能只是輔導員工，在整個過程中，還需要不斷地詢問員工的感受和意見，例如要經常問問：「小王，關於這個問題你的想法是什麼？」、「老李，你還有什麼其他的想法或建議嗎？」這一步的目的是要確認主管和下屬就某項任務是否達成了一致。

(5) 以建議的步驟提出示範

對第一、第二階段的員工可以用指令性的輔導，但對於第三和第四階段的員工，應該直接問員工的意見，例如：「小王，對於完成這項任務你打算怎麼做？」、「老李，你看我們這樣做行不行？」

(6) 用員工所能理解的語言

在公司待久了，一起工作的上下級和同事有可能會形成一些本公司獨有的工作詞彙，但新員工未必能理解。所以在輔導的過程中，一定要用員工能理解和接受的方式、語言與其溝通，否則很可能出現對牛彈琴的情況。

(7) 讓員工嘗試著做一做

不能只是口頭講述，更重要的是讓員工實踐，員工在做的過程中會慢慢找到感覺的。

(8) 大量的回饋、鼓勵與強化

這是條件反射的過程。員工做得好的地方要多誇，強化他們的記憶，形成肌肉語言。因為員工都是需要讚美的，當然，做得不好的地方也要強調需要改善或者下次避免出現。

(9) 協助員工克服知易行難的障礙

有些從重點大學畢業的員工剛進入企業後，會不自覺地認為自己很厲害，其他人在他們眼裡都很弱。對於該類員工，就很有必要讓他們在工作中「碰碰壁」，讓他們意識到自己能力上的欠缺，還需要在實踐中不斷檢驗，往往知道不一定就能做到。但也要注意分寸，不能把人給嚇跑了。

(10) 不必急於給予指示

在輔導過程中，不要做一步教一步，適當地讓員工先自己探探路，出點錯，因為人更容易記住教訓，尤其扣點薪資後，基本上同類錯誤就不會再犯了。

(11) 以自我啟發的自律性、自發性為依據

即使是領導對員工進行輔導，所要實現的最終目的也是要激發員工的主動性，達到有意識地學習、有目的地提高。否則員工總會覺得這事跟自己是無關的，是領導派的工作。

(12) 以符合員工期望為前提

領導給員工做工作輔導的前提一定是要滿足員工期望的。例如，A 和 B 本是大學室友，畢業後進入同一家公司，工作 6 年後，A 被提拔為部門負責人，成為 B 的領導，B 為此耿耿於懷，並且工作意願下降。如果這時候 A 幫 B 做工作輔導，大概輔導完，B 就辭職了。

2. 工作輔導的時機和切入點

除了要掌握上述 12 項工作輔導的要點，領導者還需要掌控輔導的時機和切入點，如圖 4-5 所示。

1.	☐ 有人請你給予建議、幫助、意見和支持
2.	☐ 有人正在艱難地完成一項任務
3.	☐ 有人正開始一項新的工作或擔負起一項新的任務
4.	☐ 有人感到挫折或迷惘
5.	☐ 有人猶豫不決或一籌莫展
6.	☐ 有人表現反覆無常
7.	☐ 有人對自己的能力沒有把握
8.	☐ 有人表達了要改進的願望
9.	☐ 有人表現低於一般要求
10.	☐ 有人態度消極，影響工作

圖 4-5　工作輔導的時機和切入點

(1) 有人請你給予建議、幫助、意見和支持

意思是下屬明確地提出請求：主管，這項任務我也不知道怎麼做了，您能給點提示嗎？一般處於第一、第二階段的員工求助會較多。

(2) 有人正在艱難地完成一項任務

很難判斷出員工的工作意願，但可以看出工作能力不太高，基本是處於第一、第二階段的員工。

(3) 有人正開始一項新的工作或擔負起一項新的任務

既然是新的工作或任務，工作意向一般是高的，基本上是處於第一、第四階段的員工。

(4) 有人感到挫折或迷惘

工作意願會呈下降的趨勢，基本上是處於第二、第三階段的員工。

(5) 有人猶豫不決或一籌莫展

猶豫不決一般屬於態度問題，一般是處於第二、第三階段的員工；一籌莫展屬於工作能力不足，一般是處於第一、第二階段的員工。

(6) 有人表現反覆無常

一般是處於第三階段的員工。

(7) 有人對自己的能力沒有把握

有能力但是沒信心，所以要多鼓勵，一般是處於第三階段的員工。

(8) 有人表達了要改進的願望

無論是已經做得很好的老員工或是剛入職的新員工，都會有改進的需求，所以適用於各個階段的員工。

(9) 有人表現低於一般要求

能力一般，一般是處於第一、第二階段的員工。

(10) 有人態度消極，影響工作

一般是處於第二階段的員工。

所以領導帶員工是一件很有難度的事情，既要知道員工做這件事的意願，又要準確地判斷員工的工作能力，同時要基於不同情境，靈活調整領導風格。做經理不是那麼簡單的事情，除了對員工工作要了解，還要對員工的個人情況有適度的把握。不能出現員工要離職，除了主管之外，其他人都知道的情況。

二、績效輔導的基本步驟

第一部分主要講了基於情境的員工輔導的方法，第二部分介紹一下績效的輔導的方法。

(一) 持續不斷地績效溝通

績效溝通貫穿於績效管理的整個過程，在不同階段溝通的重點也有所不同。見表 4-2。

表 4-2　績效溝通在不同階段的溝通要點

績效階段	溝通要點
計劃階段	中高階主管對團隊的工作確定計畫後，進行分解，並提出對於團隊中每一成員的目標要求。員工作為團隊一員，則要根據分解到本人的工作制定詳細的計畫，提出本期的主要工作和達成標準，並就這些工作標準與上級進行反覆的溝通。 雙方達成一致後，這些工作和標準就成為期末評判員工績效的依據和標準。
績效輔導階段	員工彙報工作進展或就工作中遇到的障礙向上級求助，尋求幫助和解決辦法。 上級對員工的工作與目標計畫之間出現的偏差進行及時糾正。
績效評價和回饋階段	對員工在考核期內的工作進行合理、公正和全面的評價。 上級還應當針對員工出現的問題找出原因，與員工進行溝通分析，並共同確定下一期改進的重點。

經驗提示

員工與上級共同確定了工作計畫和評價標準後，並不是就不能改變了。員工在完成計畫的過程中可能會遇到外部障礙、能力欠缺或者其他意想不到的情況，這些情況都會影響計畫的順利完成。員工在遇到這些情況的時候應當及時與上級進行溝通，主管則要與員工共同分析問題產生的原因。如果屬於外部障礙，在可能的情況下，上級則要盡量幫助下屬排除外部障礙。如果是屬於員工本身技能欠缺等問題，上級則應該提供技能上的幫助或輔導，幫助員工達成績效目標。

（二）提升員工業務能力的三種方式

績效輔導核心的工作之一是不斷提升員工的業務能力，提升員工對各類工作流程、工具的掌握能力。

1. 系統的專業技能提升培訓

當發現部門整體工作效率存在問題，或者對考核專案進行系統分析後，發現某一項或幾項普遍得分較低，中高階主管需要與下屬、培訓部門溝通，看是否有必要組織專門的專業技能提升培訓。在閱聽人群體較多、透過培訓可以快速提升技能的情形下，可以組織專門的單項培訓提升員工的實際工作技能。

2. 提升員工的專業能力，合理布置工作任務的四步驟

組織培訓需要大量的同質化需求，但事實上，導致員工績效不佳的原因有很多種，有員工個人的原因，有部門團隊的原因，也有公司的原因。而對於不同的員工來說，績效不佳的原因也不相同，有的是方法欠缺，有的是態度不端正，而有的是個人工作能力偏低。

有沒有一種快速簡單的方法，可以提升員工的工作效率和工作能力？答案是有，可以透過科學布置工作任務來解決，共分為四個步驟。

(1)同員工探討工作任務分配和目標

在每月初，需要根據個人工作目標情況，同下屬一同探討工作任務的分配，要讓下屬明白：部門是一個團隊，而團隊目標，需要大家一同來完成。根據個人能力和專業分工，各個下屬確認自己的工作任務和目標。

經驗提示

不要以為工作任務分配就是開個會，或者直接發一封郵件給員工就可以搞定。對於新人，或者是未能達成良好工作默契的大部分員工，主管需要花費大量的時間在任務布置上，而不是在最終完成效果的評價和追責上。

(2)確定工作輸出結果

單純的任務布置和目標分解，並不能保證員工能夠按照要求完成工作，所以主管需要和每個員工溝通確認工作結果範本。

具體做法：主管在完成了工作任務分配後，需要和下屬逐一進行單獨溝通，由各個下屬提交每項工作任務的結果清單，同時提交最終結果的範本。

例項

如果交給下屬一個調研任務，期望在兩週以內完成某個事項的調研，最終彙報給公司高層。那麼，在此階段，需要和下屬做如下工作。

- 確定最終彙報成果的形式。如果公開彙報，需要有投影片；如果專項彙報，需要有文字的調研報告。
- 確定最終彙報成果的組成。是由一個檔案、兩個檔案，還是多個檔案組成。

◆ 編制彙報成果範本。對每個檔案的主框架進行確認，投影片的大綱，表格的專案設定，文字的章節設定等。

確定範本後，對於下屬來說，要做的事就簡單很多了。把彙報文件的所有空白部分填清楚、填準確。相對而言，工作難度係數就小了很多。

(3) 討論完成任務的步驟

工作結果確定後，下一步需要和專案的負責人一同溝通實現最終結果所需的各個關鍵步驟，對於一個具有豐富工作經驗的人來說，這步可以省略；而對於工作經驗不是很豐富的員工，或者是進行新業務、新專案時，這步至關重要，要控制工作結果，同時更要控制完成的過程。

為此，需要和員工一同溝通完成工作任務的各個關鍵步驟，討論確定各個關鍵步驟完成的時間、階段性成果等內容。

(4) 關鍵節點控制

前面三個步驟都確定之後，員工對工作任務的完成至少有了相當的把握。為此，中高階主管還需要按照步驟三中的關鍵節點檢查員工的完成情況，同時，需要提供各種支持，協助員工達成工作目標。

3. 組織團隊內部學習

建立部門內部學習的氛圍是提升員工能力的好方法。一方面，可以透過控制工作過程和結果提升員工操作能力；另一方面，能夠讓優秀員工掌握的技能在內部快速傳遞，同時透過內部團隊建設，提升大家的工作士氣，端正工作態度。

(三) 輔導資料收集並形成記錄

1. 收集績效資訊的方法

在做績效輔導的同時，也需要收集員工績效達成情況的資訊。收集績效資訊的方法主要有以下三種。

(1) 觀察法

觀察法是指經理直接觀察員工在工作中的表現，並對員工的表現進行記錄，非常適合 KBI 的考核。例如，一個經理看到員工粗魯地與客戶講話，或者看到一個員工在完成了自己的工作之後熱情地幫助其他同事工作等。這些就是透過直接觀察得到的資訊。

(2) 工作記錄法

員工的某些工作目標完成的情況是透過工作記錄展現出來的。例如，財務數據中展現出來的銷售額，客戶記錄表格中記錄的業務員與客戶接觸的情況，整裝工廠記錄的廢品個數等，這些都是透過日常的工作記錄下來的績效情況。

(3) 他人回饋法

員工的某些工作績效不是管理人員可以直接觀察到的，也缺乏日常的工作記錄，在這種情況下就可以採用他人回饋的資訊。一般來說，當員工的工作是為他人提供服務或者與他人有工作上的聯絡時，就可以從員工提供服務時或有工作連繫的對象那裡得到有關的資訊。例如，對於從事客戶服務工作的員工，經理可以透過發放客戶滿意度調查表或以與客戶進行電話訪談的方式了解員工的績效；對於公司內部的行政後勤等服務性部門的人員，也可以從其提供服務的其他部門人員那裡了解。

2. 收集資訊中應注意的問題

(1) 讓員工參與收集資訊的過程

作為主管，不可能每天時時盯著員工觀察，因此上級透過觀察得到的資訊可能不完整或者具有偶然性。那麼，教會員工自己做工作記錄則是解決這一問題的比較好的方法。員工都不希望自己的主管拿著小本子，一旦發現自己犯了錯誤就記錄下來，或者將錯誤攢到績效評估的時候一起算帳。

我們需要反覆強調的一個觀點是：績效管理是經理和員工雙方共同的責任。因此，員工參與績效數據收集的過程，本就是展現員工責任的一個方面。而且，員工自己記錄的績效資訊比較全面，經理拿著員工自己收集的績效資訊與他們進行溝通的時候，他們也更容易接受。

但值得注意的是，員工在做工作記錄或收集績效資訊的時候往往會存在有選擇性地記錄或收集的情況。有的員工傾向於報喜不報憂，他們提供的績效資訊中展現做得好的地方會比較多，而對於自己沒有做好的事情則不記錄。有的員工則喜歡強調工作中的困難，甚至會誇大工作中的困難。所以，當經理要求員工收集工作資訊時，一定要告訴他們收集哪些資訊，最好採用結構化的方式，將員工選擇性收集資訊的程度降到最小。

(2) 要注意有目的地收集資訊

收集績效資訊之前，一定要弄清楚為什麼要收集這些資訊。有些工作沒有必要收集過多過程中的資訊，只需要關注結果就可以了。如果收集來的資訊並沒有什麼用途，那麼這將是對人力、物力和時間的一大浪費。

(3) 可以採用抽樣的方法收集資訊

既然主管不可能一天一動不動地監控員工的工作（如果有必要獲得工作過程中的資訊，也只好如此），那麼不妨採用抽樣的方式。所謂抽樣，就是從一個員工全部的工作行為中抽取一部分做記錄。這些抽取出來的工作行為被稱為一個樣本。抽樣的關鍵是要注意樣本的代表性。

常用的抽樣方法有固定間隔抽樣法、隨機抽樣法、分層抽樣法等。

固定間隔抽樣法是指每隔一定的數量抽取一個樣本。例如，每 5 個產品中抽取一個進行檢查；每隔 30 分鐘抽取客戶服務熱線接線中的電話進行監聽；等等。這種抽樣的方法比較固定，容易操作，但也容易讓被評估者發現規律，故意做出某些服從標準的行為表現。

隨機抽樣法是指不固定間距地抽取樣本。這種方法不易讓被評估者發現規律。例如，每一個小時中監聽一個電話，但不固定是哪個電話。在有的情況下，可以利用隨機數表選擇抽取的樣本。

分層抽樣法是指按照樣本的各種特性進行匹配抽樣的方法。這種方法可以比較好地保證樣本的覆蓋率。例如，在進行客戶滿意度調查的時候，到底選取哪些客戶作為調查的對象呢？這時就可以把客戶的年齡、性別、學歷、收入狀況、職業等作為匹配因素，保證不同年齡、性別、學歷、收入、職業的客戶都能參與調查，這樣得到的資訊才會比較有代表性。

(4) 要把事實與推測區分開來

收集客觀的績效資訊，而不是收集對事實的推測。透過觀察可以看到某些行為，而行為背後的動機或情感則是透過推測得出的。比如說「他的情緒容易激動」，這可能是推斷出來的，而事實是「他與客戶打電話時聲音越來越高，而且用了一些激烈的言辭」。經理與員工進行績效溝通的時候，要基於真實的資訊，而不是推測得出的資訊。

關於績效輔導的內容，這裡只做個簡單介紹。

三、兩個教練式輔導工具

教練猶如一面鏡子，以教練技巧反映下屬心態，使對方洞悉自己，並就其表現有效地給予直接的回應，令下屬及時調整心態，明確目標，以最佳狀態去創造成果。

教練技巧分為四步進行。

第一步，理清目標。首先要清楚你做事的真正目的，否則你的行為將不會是最有效的，甚至可能是南轅北轍的。比如你要去林口，但如果你不清楚你的目標的話，你很可能會買去桃園的車票。就算到了桃園再轉車去林口，也已經大大地浪費時間、金錢和精力了。因此，教練的指南針作用，可以讓你最有效地實現目標。

第二步，反映真相。令你知道你目前的狀態和位置，這是教練的鏡子作用。鏡子是不會教你怎樣穿衣打扮的，但它會讓你看到你現在打扮成什麼樣，是不是你想要的樣子。接著上一個比喻，你想去林口，但你不知道你現在的位置，你在臺北車站，卻以為自己在板橋車站，那麼你不會去乘坐臺北到林口的車，也永遠搭不上板橋到林口的車。俗話說：「知己知彼，百戰不殆。」、「人貴在有自知之明。」其實都說明了教練「鏡子」作用的重要性。

第三步，遷善心態。一個人有什麼樣的心態，就會做出什麼樣的行為。教練與傳統的「顧問」等管理方式最大的不同就在於，教練針對你的心態，而不會教你具體方法。發生了什麼事情並不重要，重要的是你面對它的態度。教練就像催化劑一樣令被教者具有遷善心態，去實現目標。

第四步，目標行動。當你在鏡子中看到自己的打扮和想要的不同時，你自然會做出相應的調整。而且，教練會要求你制定出切實可行的計畫，並讓你看到你的潛能以及新的可能性，幫助你做得更好。

教練不會教你方法，只會鼓勵你去找到自己的方法。因為給你一個方法，往往會限制你的想像，限制你找到更好方法的可能。所以我們說，給人一條魚，只能養活他一天；教人學會捕魚術，才能養活他一生。

這裡給大家分享兩個教練的工具。

(一) 迪士尼策略

迪士尼公司的創始人華特·迪士尼 (Walt Disney) 在工作過程中採用了一種非同尋常的頭腦使用策略：每當迪士尼團隊產生一種創意的時候，他就會扮演三個不同的角色，用於開發夢想以及讓夢想變成現實。

羅伯特·迪爾茲 (Robert Dilts) 是 NLP 的倡導者，模仿並開發了這種策略作為教練工具，並把它稱為「迪士尼策略」。從這種策略在世界各地運用的回饋情況來看，這種策略對許多被教練者造成了巨大作用。教練型領導者可以有效運用該策略，讓自己多一條有創意且更有實際操作意義，能真正提高生產力的創新之路。

「迪士尼策略」要使用到三個角色：夢想家、實作家、批評家。

- 夢想家：充分發揮創造力，要不受限制地進行充分想像，把目標實現後的願景、價值清晰地展現出來。
- 實作家：努力實現夢想家所設想的東西，把夢想家的願景轉化為具體的策略和行動步驟。

- 批評家：旨在運用批判性思維質疑實作家所提出的策略和行動步驟的可行性，只對實作家進行提問。

「迪士尼策略」的要點在於，它應用了平行思維的原理：這三個角色按順序出場，彼此各行其是，既能最大限度地發揮創造力，又能照顧到整體性。從不同的角度看待同一個事物，讓自己的眼界、格局經由角色的不同變換而有更大的拓展。

在實際工作中，中高階主管可以採用「迪士尼策略」進行自我教練以找到最優的解決方案，也可以帶領團隊共創解決方案。具體操作步驟如下。

1. 選定一個要思考的具體事件或工作中遇到的某個具體問題。
2. 在三張白紙上分別寫上「夢想家」、「實作家」和「批評家」。然後，將它們放在地上。
3. 首先站在「夢想家」的紙上。站在「夢想家」的角度，大膽地想像一個美好的願景實現的畫面。在這個事件中，你想得到的是什麼，你最想看到的是什麼，它的價值和意義是什麼。無限發揮你的想像力，此時所有的資源你已經具備了，所以不用有任何的顧慮，更不要自我設限。
4. 充分想像後，從「夢想家」的紙上走出來，把你剛才想到的記錄下來。然後，站在寫有「實作家」的紙上，集中精力思考如何實現剛才「夢想家」所設想的畫面，你要不斷地問自己如何才能做到，有哪些策略和方法，需要哪些人、物、財、消息的資源，有哪些環節和步驟。你要反覆地問自己「還有嗎」，此時也要把「做不到」的念頭拋開。

5. 充分思考完策略和計劃後，從「實作家」中走出來，同樣，把你剛才想到的記錄下來。寫完後站在寫有「批評家」的紙上。然後，開始考慮有什麼漏洞或者是改進的建議，你需要對剛才「實作家」所想到的內容進行批判性的評估，在這裡你要衡量策略的可行性。注意，你只需要對「實作家」提問，不需要對「夢想家」提問。
6. 從「批評家」的紙上走出來後，記錄下你剛才想到的。此時，你可以根據實際情況，選擇再站在哪個角色思考，直到你有了滿意的方案為止。

如果是帶領團隊用這個教練工具共創，你可以讓團隊成員分別扮演不同的角色，在白板紙上留出「夢想家」、「實作家」和「批評家」的位置，讓團隊成員把他們想到的都寫在便利貼上，貼在相對應的位置上。最終你們會共創出一套最優的解決方案以及行動計畫。

（二）平衡輪工具

「平衡輪」是將一個圓平均分成若干等份，然後將一個人的工作、生活或生命中一些並列的事項填寫在紙中，並對每個要素的現狀和未來用 1 ～ 10 打分，以幫助人們理清現狀，覺察到平時忽略的部分，找出希望有所改變的內容。最後制定計畫，採取行動。它包含以下三個方面的含義。

1. 一個目標的實現需要相關方面的支持，就像一個輪子要想轉動，需要輻條的支撐一樣。
2. 「平衡輪」就像一架照相機，可以拍攝到當下這個時刻關於玩轉行動學習目標相關方面的真實情況。

3. 讓目標的實現者清晰地了解目前這些相關方面的狀態。而要想讓輪子轉動，需要這些輻條長短一致，強度一致。同樣的道理，要想實現目標，需要每個方面平衡發展。

需要注意的是，運用平衡輪所展示的，一定是當事人對現狀的每個部分是否滿意，滿意的程度如何，哪個部分需要改變，這些都要依照當事人的標準，必須由他自己做出判斷和決策，而不是遵照教練的意願。

在實際工作中，中高階主管可以採用「平衡輪」工具幫助部門員工找到解決問題的策略。具體操作步驟如下。

1. 確定目標

「平衡輪」需要一個目標進行驅動，但並不是所有目標都適用，必須符合 SMART 原則。即目標需要是具體的、可衡量的、可達到的、與目標願景相關的、有時限的。

2. 列舉資源

如圖 4-6 所示，圓形一共被分為 8 個扇形區域，像一個輪子。在實際工作中，扇形區域的數量可以靈活調整。

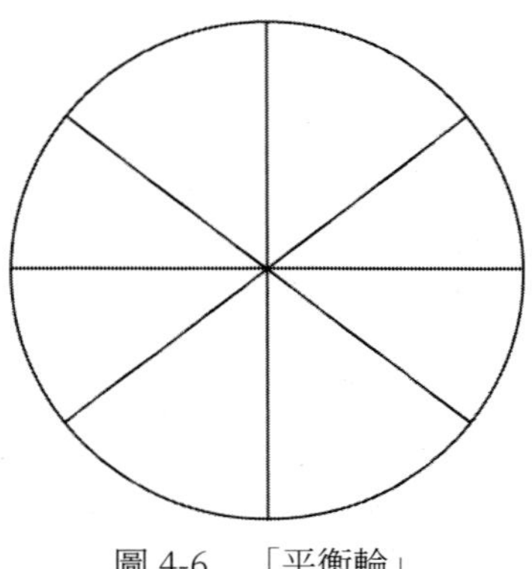

圖 4-6　「平衡輪」

在這一步中，中高階主管要引導部門員工圍繞設定的目標，聚焦和思考已經具備的資源、條件並分別填入各個扇形區域中。要注意保持耐心，不要直接給出答案，要相信員工可以自己找到答案。如果員工寫了幾個之後卡住甚至想放棄了，中高階主管可以問這樣的問題，例如：其他人做這件事時具備了哪些資源？如果目標已經達成了，你認為是因為具備了哪些資源？至少要寫滿 8 個，如果在引導後員工還是沒有寫到 8 個，中高階主管可以適當地給予提示或建議。

3. 自我評估

這一步需要員工對每項資源進行打分評估，從 1 ～ 10 分，讓員工依次給每項資源打分，旨在透過打分讓員工覺察現狀與理想之間的差距，思考解決方案。這個環節是業務領導和部門員工共同尋找差距的過程。同樣，先不要急著糾正員工的想法，而要以觀察為主，並適當給予引導。如果解決方案不是員工自己說出來的，那麼員工即便認同了也是勉強服從，聽命行事，這樣會降低員工在後期執行中的主動性。

在這個過程中，很有可能由於目標和理想之間的差距很大，使得員工產生不安、沮喪或失落的情緒，中高階主管要敏銳地覺察到員工的情緒轉變，給予其適時地安慰。

4. 確定解決方案

透過前面三步的覺察，員工的思維已經被開啟，對目標有了更為清晰的認知，那麼接下來就是制定行動計畫來實現目標了。為了能夠幫助員工將計畫轉化為行動，中高階主管需要引導員工完善每個方案中的資訊，包括時間節點、檢視標準、監督人和第一步行動。

時間節點。每個解決方案必須有清晰的時間節點，這樣才能促動員工盡快投入行動。同時，人們會習慣性地將時間節點推後，這是人的處事習慣，為了避免員工拖延，中高階主管應引導員工將時間節點前置。

檢視標準。每個解決方案必須要有檢視標準，並要將之作為評價的參照，即當目標達成時，無論是中高階主管還是員工本人，都能明確地知道目標達成了。

監督人。為了避免員工放鬆對自己的要求，最好能有第三方即監督人，對員工的計畫執行情況進行監督，以確保目標的達成。當然，也可以讓員工本人說出風險應對方案，做到自我監督。

第一步行動。思考第一步行動可以確保解決方案能夠被執行，所以中高階主管應該引導員工思考行動的第一步是什麼，即最容易開始的一小步是什麼，為行動的執行鋪平道路。

5. 精力管理

一個人的精力是有限的，當面對行動方案時，尤其是比較龐大的方案時，每個人都會感到精力不足，所以要設定優先順序。以重要、緊急程度為評估標準，依次對各個行動方案進行評估，優先處理重要、緊急的專案，平衡精力，做好排序，以保證所有行為都對目標負責。

6. 激發行動

最後為了確保目標的實現，中高階主管要在結束前賦能給員工，明確表示在執行過程中可以提供的支持。

職場感悟

—— 有一個非常聰明、非常能幹的員工，但是不聽你指揮，該怎麼辦？

遇到問題，第一步要做的不是解決問題，而是要先分析問題。既然員工很聰明，那說明是名有用之才。既然是有用之才，而你又是他的主管，他卻不聽你的指揮，這時就要看看你是不是亂指揮了。

一、如果員工非常能幹，還非常聰明，那說明是一個不可多得的人才，那要分析一下問題所在

如果員工不聽你指揮，是因為作為主管的你每次都是瞎指揮，工作技能和工作方向感都很差，而該員工每次不聽指揮的結果都是對的，那麼你就應該考慮給該名員工多授權，而不是用指令的方式安排他的工作。

因為能幹的員工都不太聽話，因其不願意事事、時時被自己的主管盯著。所以，遇到能幹的員工一定要根據員工的實際情況來安排工作。要發揮員工的主觀能動性，而不是讓員工習慣自己的管理風格。基於員工的發展階段，他們對於主管的管理風格要求是有變化的，我們不能在老司機上路的時候，還事無鉅細地安排，這只會讓對方不耐煩，久了之後，員工會有異動。

二、用指揮的方式指導授權型的員工

若用指揮的方式指導授權型的員工，那麼對於經理和員工來說都是一種折磨。授權型的員工需要的是同事型和教練型的領導，而不是官僚型的

領導，如果你的領導方式是官僚式的，我建議你調整領導方式，要不然該員工會在不久的將來離職，而他離職後的窟窿是很難有人來填補的。

我曾經就職過的一家公司，老闆娘要求必須時時彙報，事事彙報；安排工作事無鉅細，必須按照要求百分之百地完成，如果有差異，必然是劈頭蓋臉的一頓批評。

之後有一位業務能力非常好的員工加入公司。這位同事在上個公司就是銷售冠軍，自主性和自由度都比較大。來了之後，努力適應了一段時間，但他還是非常難受，於是在沒有找到下家的時候，選擇了「裸辭」。公司因此也損失了一名優秀員工。

三、如果你的員工聰明能幹，但是缺乏團隊精神，每次都是獨行俠

如果是這種情況，還不聽你的勸說，那說明該員工情商極低，或者他根本就沒有把你這個主管放在眼裡，或者有更高級別的主管在為他撐腰，你也無可奈何。如果是這樣的話，建議盡快培養替代者，在合適的時機，把此人開除，或者調往其他部門，避免內部不和諧，還影響你的權威。

總之，聰明的員工不好找，如果找到了，一定要認真地帶一帶，好好培養，讓人才為我所用，也要給人才成長和發展的空間。

第 5 堂課
鼓勵人 —— 及時讚賞　正向回饋

很多中高階主管認為，公司都發薪資和獎金給員工了，員工就應該踏實作做事才對。其實不是這樣，因為每個人的成長與工作環境不同，自然就養成了不同的個性和工作方式，個人需求也不一樣。針對不同的員工類型會有不同的培養方式，比如前面幾堂課講到的員工的四階段模型。此外還有針對員工個性的管理模式，比如 PDP、DISC、九型人格等。

選擇人、要求人和輔導人，目的是把合適的人招募到，替其分配任務，給予工作指導，保證合適的人做合適的工作。可是實際工作中總有些人有能力卻激情不足，中高階主管如何激發這些人員的工作意願？如何讓員工保有持續的工作熱情？這正是本堂課要講的內容。

本章節學習內容。

- 思考
- 有效鼓勵機制的搭建
- 鼓勵的工具：讚賞
- 鼓勵的四個原則
- 知識型員工的鼓勵

一、思考

(一) 思考：員工鼓勵的種類有哪些？不局限於物質鼓勵

筆者線上下課堂上，在開始鼓勵這個話題之前，都會先要求在場的高層學員，基於這個問題分組進行腦力激盪，內容是鼓勵員工的種類和方式，時間為 5 分鐘。通常情況下，學員收集上來的鼓勵方式平均在 20 種以上。而這些方式中，物質鼓勵所占的比例低於 30%。

這說明中高階主管在真實工作情景中的鼓勵方式不但包含物質鼓勵，也包含非物質鼓勵。真正的高手一般都是把兩種鼓勵方式運用得都很好的人，而大多數不成熟的中高階主管的頭腦裡僅有的鼓勵方式就是 —— 錢！

當然，物質鼓勵手段不能少，但物質鼓勵有局限性，比如大多數企業每年調整薪酬的次數不超過 2 次，發獎金的次數一般為一年一次，並且調薪的許可權能真正讓中層經理自由使用的機率略等於零。所以中高階主管更應該學習和掌握非物質鼓勵策略，並且在工作中靈活應用。前面講過員工離職跟自己的上級有著非常大的關係，因為在下屬眼裡自己的上級就是公司，透過對員工離職率比較高的部門進行分析發現：員工離職最主要的原因是部門的主管缺乏輔導鼓勵的技術和意願。

(二) 員工鼓勵是投資，高效工作是回報

中高階主管都希望在公司中實施有效的鼓勵政策，來提高員工工作的積極性，從而提高整個公司的效益。從公司的角度來看，鼓勵也是一

種投資，投資的回報便是員工工作效率的提高。

1. 鼓勵來自內因

西方行為科學家對個體行為的研究有一個基本的理論，叫作「鼓勵理論」。「鼓勵理論」可以簡單地概括為：需要引起動機，動機決定行為。員工的需求使員工產生了動機，行為是動機的表現和結果。也就是說，是否對員工產生了鼓勵，取決於鼓勵政策是否能滿足員工的需求，所以說，鼓勵來自員工的需求，也就是內因。

2. 了解員工的需求

要提高鼓勵政策的有效性，就要使鼓勵政策能夠滿足員工的需求。要做到這一點，首先就要了解員工的需求。在需求理論中，最著名的要數美國心理學家馬斯洛提出的「需求層次理論」。

不同層次的員工（知識層次、薪酬層次等）處於不同的需求狀態，如對於薪酬較低的員工，則要側重於滿足他們的心理需求和安全需求（即提高他們的生存水準）；對薪酬較高的員工，更需要滿足他們的尊重的需求和自我實現的需求。同等層次的員工，由於他們的個性和生活環境不同，他們的需求側重點也會不同，如有些員工很看重物質待遇（生活需求強烈），有些員工則喜歡娛樂和消遣（側重休息需求），還有些員工以鑽研某項技術為樂（工作需求強烈）。員工的需求是複雜和多樣的，了解清楚員工的這些需求，就為制定有效的鼓勵政策提供了基礎。

3. 中高階主管對員工需求的「九個了解」

如果從日常的管理角度看，可以從以下九個方面了解員工的需求，如圖 5-1 所示。

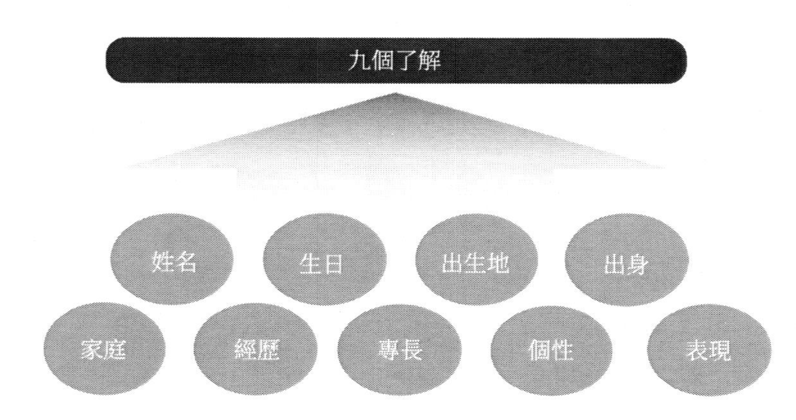

圖 5-1 九個了解

鼓勵員工一定要了解員工的需求，這不是空話，而應是建立在真實地跟員工溝通交流的基礎上的。如果中高階主管每天都是高高在上的樣子，不去關心業務和目標，不去體察民情，其實是很難做到有效的員工鼓勵的，因為你不知道員工的需求是什麼。經常會出現公司花了大價錢，結果卻是「你媽覺得你冷」而已。

九個了解是中高階主管要了解向其直接彙報和隔級彙報的核心人員的九個方面，包括：姓名、生日、籍貫、出身、家庭、經歷、專長、個性和表現。

姓名：如果自己的主管在一些場合都叫不對、寫不對下屬的名字，你想一下下屬心裡做何感想？

生日：如果下屬的生日到了，上級讓自己的助理幫下屬準備了一場出人意料的生日會，下屬的心理感受會很好。哪怕預算和時間都不允許，在生日當天，走到下屬的位置，拍著下屬的肩膀小聲說一聲「生日快樂」，下屬心裡也會暖烘烘的。

籍貫出生地：知道下屬的出生地，可以在日常交流的時候多關注對方的地域習慣，甚至有去下屬老家出差和外派的機會，可以優先安排。

出身：下屬是富二代還是苦出身？你了解嗎？什麼樣的工作他們會更感興趣呢？

家庭：了解下屬的家庭情況，在一些必要的時候，可以避免說一些無心刺痛下屬的話，甚至可以跟下屬交流一下同頻的事情。

經歷：下屬有哪些學習和工作經歷？做過什麼工作？有沒有特殊的工作經驗，如果在委派工作的時候能夠了解到這些情況，可以造成事倍功半的效果。

專長：下屬有哪些專長，這裡包含但不限於體育、音樂、寫作、攝影等。在組織活動和安排工作的時候會有大用。

個性：下屬是什麼樣的人際溝通風格，個性偏內向還是外向？團隊精神怎麼樣？

表現：下屬日常的工作表現如何？績效如何？人際關係如何？

隨著業務領導對下屬資訊越來越多的了解，相互之間的信任感也會逐漸增加。

4. 中高階主管需要做到的「九個有數」

中高階主管對於下屬的九個有數，如圖 5-2 所示，包括工作狀況、住房條件、身體狀況、學習情況、品格特質、經濟狀況、家庭成員、興趣愛好和社會交往。

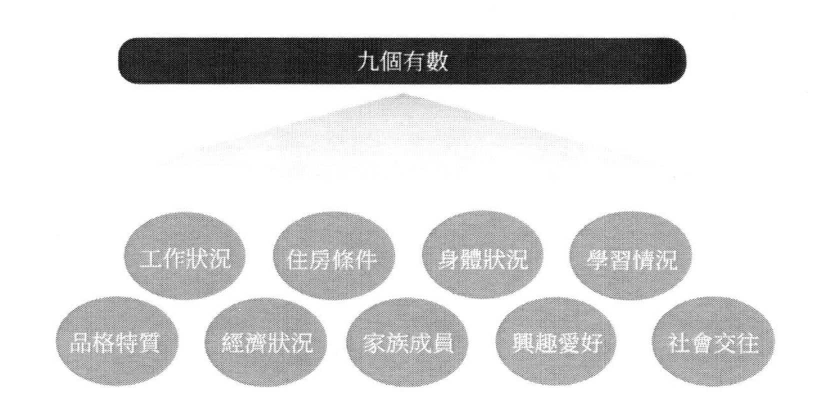

圖 5-2　九個有數

工作狀況：下屬最近一段時間工作表現怎麼樣？較長一段時間的工作績效如何？其他同事對他的評價如何？

住房條件：目前都市的住房價格奇高，新人到市區工作其實是很難買房的。那麼你的下屬是租房住還是買房住呢？每月房租或房貸是多少呢？

身體狀況：下屬身體如何？有無特殊病史？能適應長期加班和出差嗎？

學習情況：下屬學習的意願和學習的能力怎麼樣？業餘參加了哪些課程或培訓？

品格特質：如果一個人的人品有問題，將來在本單位成就越高、職位越高，風險也越大。

經濟狀況：下屬的經濟壓力大嗎？主要的經濟支出有哪些？錢是不是下屬最優先考慮的事項？

興趣愛好：志趣相同的人更容易產生共同語言，了解了下屬的愛好，可以把愛好相同的人放在一個團隊或者一個專案組，也組織一些社團，一定會其樂融融的。

社會交往：有時間的話，一定要問一問下屬都有哪些交往的圈子，都在跟什麼人互動。因為一個人的成就基本上跟他連繫最緊密的五個人有關。

中高階主管如果對下屬缺乏了解和關注，那麼員工對於公司、部門和團隊的歸屬感就會弱，畢竟澆樹澆根、育人育心啊。

二、有效鼓勵機制的搭建

（一）三個鼓勵理論模型

為了把鼓勵機制建設的事情說清楚，先介紹三種鼓勵模型，其他的模型，大家可以閱讀本節後面的附件。

1. 需求層次理論

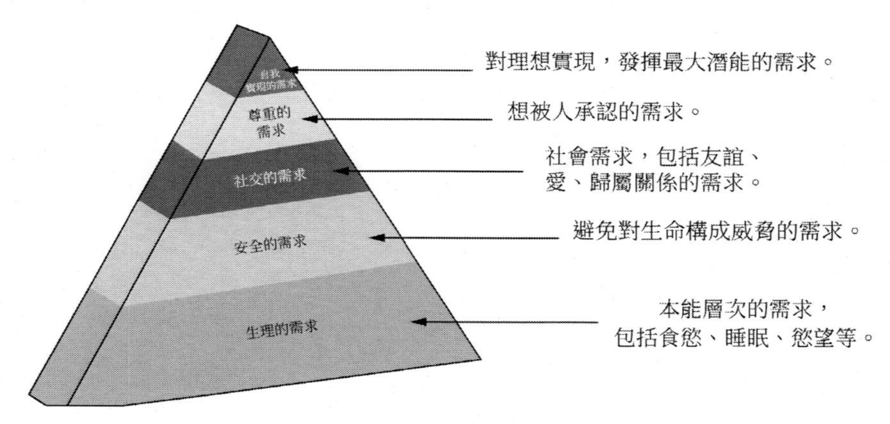

圖 5-3　馬斯洛需求層次理論模型

馬斯洛是布蘭迪斯大學的心理學家，他的鼓勵理論從經濟學和鼓勵機制的角度進行了研究，在 1940 年代以前的心理學界占據著重要地位。馬斯洛的鼓勵理論基於幾項假設。首先，馬斯洛認為人們的需求層次至少分為五個類別。

- 生理的需求。如衣、食、睡、住、行、性。
- 安全的需求。如保障自身安全、擺脫失業和喪失財產。
- 社交的需求。如情感、交往、歸屬要求。
- 尊重的需求。如自尊（有實力、有成就、能勝任、有信心、獨立和自由），受人尊重（有威望、被賞識、受到重視和高度評價）。
- 自我實現的需求。其特徵是自發性的、集中處理問題、自立的、有不斷的新鮮感、幽默感、濃厚的興趣、不受束縛的想像力、反潮流精神、創造力、講民主的個性。

馬斯洛認為人們對這些需求的要求強度是有順序的。例如，基本生理需求既然是最根本的需求，這一類需求必須首先得到滿足。只有當這些基本的生理需求得到滿足後，人們的需求才會向更高層次發展。在馬斯洛看來，只有當人們的所有其他需求得到滿足後，才會產生自我實現的需求。人們將優先考慮未得到滿足的較低層次的需求，而未得到滿足的較高層次的需求則相對較後考慮；較低層次的需求得到滿足後才會演化為向更高層次需求的要求。

馬斯洛的需求層次理論屬於鼓勵理論中的分層理論，是和傳統經濟學理論大相逕庭的鼓勵理論。該理論在以下三方面具有深遠影響：第一，馬斯洛的需求層次代表了完全非經濟學的需求排列。如若員工對經濟方面的鼓勵沒有反應，經理人可以考慮採用其他的方式鼓勵員工。第二，馬斯洛的理論為不同場合對員工們採用不同的鼓勵方式提供了解釋。剛剛開始工作的新員工，對更低層次的需求會更關注，如生理和安全需求。隨後，當這些需求得到滿足後，員工的注意力會轉向對更高層次需求的追求，如獲得同事的接受和敬重。第三，馬斯洛的需求層次解釋了不同員工需要不同鼓勵方式的現象。儘管每個人的需求層次都一樣，但在某一時間、地點，每個人都可能處於不同的需求層次，這取決於當時他們哪些需求已經得到滿足，哪些需求沒有得到滿足。

雖然之後的實證研究顯示，一個人的需求不一定是先滿足低需求再滿足高需求，但是該理論指導意義非凡。

2. 雙因素鼓勵理論

赫茨伯格的雙因素鼓勵理論，如圖 5-4 所示。

・保健因素 - 公司政策和管理 - 技術監督 - 薪水 - 工作條件 - 安全以及人際關係	・鼓勵因素 - 工作本身 - 認可 - 提升 - 成就 - 責任 - 長期鼓勵

圖 5-4　雙因素鼓勵理論

激勵的另一個滿意理論就是雙因素激勵理論 (Two-factor theory)。該理論起源於弗雷德里克・赫茨伯格 (Frederick Herzberg) 對 200 名白領工程師和會計師的研究。與其他激勵的滿意理論不同，雙因素激勵理論建立在影響工作滿意度 (而非需求) 的基礎上。

赫茨伯格將影響人們工作態度的因素分為兩大類，其中使員工感到極端不滿意的因素為保健因素，如：公司政策、人際關係、工作條件、職位、薪水等；而使員工感到非常滿意的因素則是激勵因素，包括個人的成就、上級的認可、工作本身、個人發展前途、晉升等。

需求的雙因素激勵理論非常適用於工作環境下的滿意度。雙因素激勵理論提出決定員工對工作滿意和不滿意的因素是不同的。根據該理論，當工作環境無法滿足員工的基本需求時，員工就會不滿意，該理論中將其定義為保健因素。當員工為自己的工作保障或基本報酬而擔憂時，他們無法將注意力集中在任務上，因而也就無法做好一項工作。然而，滿足了這些保健因素並不能使員工滿意，僅僅是阻止不滿意的發生。要取得滿意必須依靠另一個因素 —— 激勵因素，這一因素包含了給予成功的機會、責任，以及對工作的認同。

在雙因素激勵理論中，赫茨伯格提出了一系列新的觀點。

(1) 對傳統的關於滿意和不滿意的定義做出了修正

通常，人們認為，滿意的對立面就是不滿意，但赫茨伯格的統計表明，實際上這是不對的，他認為：滿意的對立面不是「不滿意」，而是「沒有滿意」，相應地，不滿意的對立面也不是「滿意」，而是「沒有不滿意」，兩者只是量上的差異，並沒有本質的區別。

當缺少保健因素，員工會感到非常不滿意；當具備保健因素時，員工就會沒有不滿意，但並不會感到滿意；當具備激勵因素時，員工會感到滿意，一旦沒有激勵因素，員工只是沒有滿意，但並不會感到不滿意。所以，即使滿足了保健因素，消除了工作中的不滿意因素也並不必然會增加員工對工作的滿意程度。

(2) 領導者應該使被稱為激勵因素的那部分員工的需求得以滿足

企業不具備保健因素將引起員工不滿，當其具備時卻並不一定可以調動員工較高的積極性。企業具備激勵因素可以使員工獲得滿足，但缺少激勵因素不會像缺少保健因素那樣引起員工強烈的不滿。赫茨伯格認為：導致員工對工作滿意或者不滿意的因素是完全不同的。領導者如果僅僅致力於消除員工不滿意的保健因素，那只能減少員工的不滿意，可以安撫員工，為企業帶來平靜，卻也僅此而已，並不能對員工發揮激勵作用。如果想有效地激勵員工，還得從工作本身出發，採取內部獎勵的方式，強調成熟、責任、晉升以及工作往往比強調人際關係、工作環境的改善、增加員工薪資等措施有效得多。

(3) 激勵因素起源於工作本身，是以工作為核心的

激勵因素是員工工作時發生的，工作本身就是給員工帶來滿足感，是調動員工積極性的有效方法。因為人的一生工作時間只有 40 多年，如果從事一份能夠展現個人價值感和意義感的工作，是很美好的。

有企業將員工的工作狀態分為三類。

第一類：工作是為了薪水。

第二類：工作是為了興趣和愛好。

第三類：工作是為了價值實現和社會貢獻（工作是對工作的獎賞）。

第一類員工把工作只當作是工作，為了養家餬口，工作一天賺一天的錢，會很排斥加班；第二類員工把工作當作興趣，即使沒有錢也願意做；第三類員工賦予了工作使命和意義，通常工作時能夠幫助更多人，工作起來會更有動力。這三種工作狀態是層層遞進的。

兩類因素不能混淆，例如調整薪酬，如果按照固定時間和幅度來調，很短時間內就會對員工失去激勵的作用。但如果設定為績效獎金，只要員工做得好就有獎金，員工會有更大的成就感及認可感，激勵的效果也會更明顯。

(4) 需求層次理論和雙因素激勵理論的關係

需求層次理論和雙因素理論的關係，如圖 5-5 所示。

·赫茨伯格的雙因素激勵理論
·滿意因素或激勵因素
- 激勵因素能提高員工績效水準和滿意度，它的缺乏不會引起不滿，其存在會激發員工更多的積極性與主動性

·不滿意因素或保健因素
- 保健因素的缺乏會造成員工的不安全或不滿意，其存在不足讓員工產生更多的工作動力

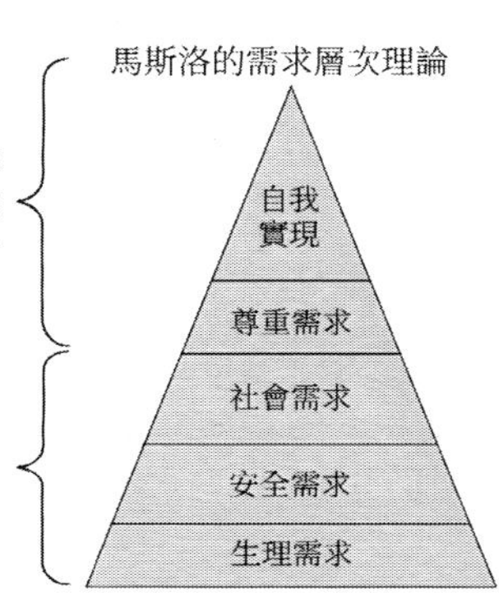

圖 5-5　鼓勵需求理論

3. 公平理論（美國心理學家約翰·亞當斯（John Adams）於 1963 年提出）

用公平關係式來表示。設當事人 a 和被比較對象 b，則當 a 感覺到公平時有下式成立：

$Op/Ip=Oa/Ia$

其中：

Op ——— 自己對個人所獲報酬的感覺

Oa ——— 自己對他人所獲報酬的感覺

Ip ——— 自己對個人所做投入的感覺

Ia ——— 自己對他人所做投入的感覺

當上式為不等式時，也可能出現以下兩種情況。

(1) $Op/Ip<Oa/Ia$

在這種情況下，他可能要求增加自己的收入或減小自己今後的努力

程度，以便使左方增大，趨於相等；或者他可能要求組織減少比較對象的收入或者讓其今後增大努力程度以便使右方減小，趨於相等。此外，他還可能另外找人作為比較對象，以便達到心理上的平衡。

（2）Op/Ip>Oa/Ia

在這種情況下，他可能要求減少自己的報酬或在開始時自動多做些工作，久而久之，他會重新猜想自己的技術和工作情況，最後他認為自己確實應當得到那麼高的待遇後，產量便又會回到過去的水準。

除了橫向比較之外，人們也經常做縱向比較，只有相等時他才認為公平，如下式所示。

Op/Ip=Oh/Ih

其中：

Op ——— 對自己報酬的感覺

Ip ——— 對自己投入的感覺

Oh ——— 對自己過去報酬的感覺

Ih ——— 對自己過去投入的感覺

當上式為不等式時，也可能出現以下兩種情況。

（1）Op/Ip<Oh/Ih

當出現這種情況時，員工也會有不公平的感覺，這可能導致員工的工作積極性下降。

（2）Op/Ip>Oh/Ih

當出現這種情況時，員工不會因此產生不公平的感覺，但也不會覺得自己多拿了報酬，從而主動多做些工作。調查和試驗的結果表明，不公平感絕大多數是由於員工經過比較，認為自己的報酬過低而產生的。但在少數情況下，也會由於經過比較認為自己的報酬過高而產生。

（二）可靠的鼓勵措施

1. 目標鼓勵

透過推行目標責任制，使企業經濟指標層層落實，每個員工既有目標又有壓力，進而產生強烈的動力，努力完成任務。

目標鼓勵是最有效的鼓勵措施，人們工作的目的是為了實現自我價值，而自我價值最終的實現展現在長期的人生目標和短期的階段性目標上。企業發展追求策略目標，個人發展追求個人策略目標。所以企業中高階主管們務必要把所在單位和團隊的目標設定好，把考核標準制定得嚴格、科學一些，保證個人在達成目標的同時，實現個人職業目標。

目標鼓勵的內容，在第 3 堂課「要求人」章節裡已經做了詳細的講解。要求業務領導在安排下屬工作職位和工作任務的時候，一定要結合下屬個人職業發展路徑來設定，才能保證企業和員工雙贏。

2. 示範鼓勵

透過各級主管的行為示範、敬業精神來正面影響員工。

己所不欲，勿施於人；人所欲，施於人。公司企業文化的建設如此，部門的管理動作也是如此。像筆者在前面章節提到的行為：會做的工作自己做，不會做的工作派給下屬做，是有高風險的。實際最終的結果只能是，他們部門第一年火爆，第二年崩盤，部門的員工紛紛選擇了離職或調職。

部門內不要建立基於企業文化的次文化，文化要想落地，靠的是制度文化。而制度要推行下去，需要部門主管以身作則才行。領導要求員工每天早來晚走，首先自己能做到，要不然上行下效，到最後什麼也做不好。

3. 尊重鼓勵

尊重各級員工的價值取向和獨立人格，尤其尊重企業中的小人物和普通員工，達到一種知恩必報的效果。

人一旦做了主管，不自覺地就會覺得高人一等，尤其是感覺自己的下屬必須服從命令聽指揮，哪怕是亂指揮也要聽，這是很有問題的。一次兩次可以，久了就不行了。馬斯洛的需求層次理論的第四層是尊重的需求，如果不能給予下屬足夠的人格尊重，下屬對團隊和公司的歸屬感是很弱的。

主管要關心員工的工作和生活，如建立員工生日情況表，總經理簽發員工生日賀卡，關心員工的困難，慰問或贈送小禮物，把對員工的關心和尊重建立在日常的工作和生活中。

4. 參與鼓勵

建立員工參與管理，提出合理化建議的制度和職工持股制度，提高員工主角意識，讓員工當家做主。

很多企業老闆都強調讓員工當家做主，可是真正能把公司 50%以上的股份分給員工的企業很少。那麼所謂的讓員工以公司為家的要求就顯得非常虛偽，因為遇事的時候，背後的大老闆還是一言堂，收益分配也是股東和高管把持，員工根本沒有參與的感覺。

合理地建立員工參與管理，提出合理化建議的制度和職工持股制度，在適當的情況下推行這些制度和措施，持之以恆，一支鐵軍就會逐步成型。空喊口號的企業太多了，不給員工參與機會，不把員工拉上船，公司的發展就始終會是老闆著急、大家看熱鬧的局面。

5. 榮譽鼓勵

對員工勞動態度和貢獻予以榮譽獎勵，如會議表彰、發給榮譽證書、張貼榮譽榜、在公司內外媒體上宣傳報導、家訪慰問、瀏覽觀光、療養、外出培訓進修、推薦獲取社會榮譽等。這些榮譽貌似沒有什麼作用，實際不然。有很多企業都在做，但是做得不走心，也就真的沒有造成任何作用。做這些工作的時候，一定要有儀式感，要跟企業的使命、願景和價值觀結合，這樣才會越做越有意義，越做越有價值，不走心的榮譽鼓勵是負鼓勵。

6. 競爭鼓勵

提倡企業內部員工之間、部門之間的有序平等競爭以及優勝劣汰。

筆者曾經在一家連鎖經營的企業做過人力資源總監，企業在激烈擴張期的時候，曾經出現過一條商業街同時有本公司三家店面的情況，這三家店當然屬於三個事業部。自家的三家店為了生存展開了激烈的競爭，同行業的友商想加入進來是很困難的。所以，有效鼓勵競爭，多團隊同業並進，很容易打造菁英團隊。

7. 物質鼓勵

增加員工的薪資、生活福利、保險，發放獎金、獎勵住房、生活用品、薪資晉級。

員工離職大多數有兩個原因：心受傷了和錢不夠花了。如果企業硬性的物質待遇沒有競爭力，那麼想留住高效的經理和員工是很困難的。

筆者每次在和企業主管溝通的時候，他們都會問以下的問題：

怎麼才能不漲薪資把核心員工留住？

怎麼在薪酬沒有優勢的情況下，應徵到高水準的人才？

不排除例外情況，但真正能做到低薪留人的企業真的非常少。如果企業現有員工低於同行業水準，中高階主管首先要做的工作不是應徵，而是想方設法把現有人員保留住，要善待當下的員工，多做輔導和鼓勵的動作。

8 資訊鼓勵

有效地交流企業、員工之間的資訊，進行思想溝通，如資訊釋出會、釋出欄、企業報、彙報制度、懇談會、經理接待日制度。

有個調查結果很有意思，見下文。

管理者認為下屬最需要的行為：

◆ 好的薪資水準。

◆ 工作的安全性和獲得提升的機會。

下屬最需要的管理行為：

◆ 受到欣賞。

◆ 能夠了解正在發生的事情。

由此可見，主管和下屬對下屬需要的管理行為的理解存在很大的不同，這就是領導者需要改進的地方。而資訊的溝通傳遞是下屬最需要的管理行為，傳遞方式有很多種，企業可以根據自身的情況搭建。中高階主管務必要重視正式的和非正式的溝通管道的搭建，把主管傳遞到位。

9. 處罰

處罰屬於負鼓勵。對犯有過失、錯誤，違反企業規章制度，貽誤工作，損壞設施，給企業造成經濟損失和敗壞企業聲譽的員工或部門，分別給予警告、經濟處罰、降職降級、撤職、留用檢視、辭退、開除等處罰。

以上 9 項屬於規範組織的正常手段，建立這樣的規範不難，難在執行過程中能否始終如一。

（三）需要把控的鼓勵原則

企業的活力，源於每個員工的積極性、創造性。由於人的需求的多樣性、多層次性，動機的繁複性，在調動人的積極性上，也有多種方法。

領導要綜合運用各種動機激發手段，使全體員工的積極性、創造性，企業的綜合活力，達到最佳狀態。

1. 鼓勵員工從結果均等轉移到機會均等，並努力創造公平競爭環境

2. 鼓勵要把握最佳時機：

◆ 需在目標任務下達前鼓勵的，要提前鼓勵。

◆ 員工遇到困難，有強烈要求願望時，要給予關懷，及時鼓勵。

3. 鼓勵要有足夠力度：

◆ 對有突出貢獻的員工予以重獎。

◆ 對造成巨大損失的員工予以重罰。

◆ 透過各種有效的鼓勵技巧，達到以小博大的鼓勵效果。

4. 鼓勵要公平準確、獎罰分明：

- ◆ 健全、完善績效考核制度，做到考核尺度相宜、公平合理。
- ◆ 克服有親有疏的人情風。
- ◆ 在提薪、晉級、評獎、評優等涉及員工切身利益熱點問題上務求做到公平。

5. 物質獎勵與精神獎勵相結合，獎勵與懲罰相結合：

- ◆ 注重感化教育，西方管理中「胡蘿蔔加大棒（Carrot and Stick）」的做法值得借鑑。

6. 推行職工持股計畫：

- ◆ 使員工以勞動者和投資者的雙重身分參與公司建設，更加具有關心和改善企業經營成果的積極性。

7. 構造員工分配格局的合理落差：

- ◆ 適當拉開分配距離，鼓勵一部分員工先富起來，使員工在反差對比中建立持久的追求動力。

（四）人才類別與鼓勵

1. 人才模型

人才模型如圖 5-6 所示。

低意願 高能力	高意願 高能力
低意願 低能力	高意願 低能力

圖 5-6　人才模型

2. 鼓勵對策

(1) 高意願、高能力

這是企業最理想的傑出人才。基本對策是重用，給這些人才充分授權，賦予更多的責任。

(2) 低意願、高能力

這類人才一般對自己的職位和前程沒有明確目標。對這類人才有不同的應對方向。

①挽救性

不斷鼓勵、不斷鞭策，一方面肯定其能力和對其的信任，另一方面給予其具體目標和要求。必要時在報酬上適當刺激。尤其要防止這些「懷才不遇」人才的牢騷和不滿影響到企業，要與他們及時溝通。

②勿留性

對難以融入企業文化和管理模式的人員，乾脆趁早辭退。

(3) 高意願、低能力

這是較常見的一種，尤其是對年輕人和新進員工。企業要充分利用員工熱情，及時對他們進行系統、有效的培訓；提出提高工作能力的具體要求和具體方法；調整員工到其最適合的職位或職務。

(4) 低意願、低能力

對這類人才有不同的應對方向。

①有限作用

不要對他們失去信心，控制所花時間，開展小規模培訓；激發其工作熱情，改變其工作態度，再安排到合適職位。

②解僱辭退

三、鼓勵的工具：讚賞

領導力大師詹姆斯．庫塞基（James Kouzes）和貝瑞．波斯納（BarryPosner）所著的《模範領導鼓勵》（*The Leadership Challenge*）裡有一段描述很有意思：我們對於員工流動的調查發現，人們選擇離開的最主要的原因就是他們得到了「很有限的表揚和認可」。當問到他們認為他們的管理者應該發展哪項技能以使管理工作更加有效的時候，員工將「對他人的貢獻給予認可和感謝的能力」放在了列表的首位。

無獨有偶。1949 年，艾瑞克．林達爾（Erik Lindahl）有一項非常著名的研究，即要求員工們對給予他們的無形獎勵評定等級，然後，要求他們的管理者就他們認為的員工們所需要的無形獎勵進行等級評定。

在員工們的回答中排位最高的是：感到受到欣賞和能夠了解正在發生的事情。員工需要被傾聽，而這些員工的管理者們認為這些員工們所需要的是什麼呢？他們認為員工會將好的薪資水準、工作的安全性和獲得職位提升的機會放在前面。實際上，絕大多數的管理者不知道他們的員工很重視被欣賞、了解事情以及被傾聽的感覺。

你也許會說：「那是在 1949 年的事情了。從那以後，許多方面都發生了重大的變化。」的確，現在有許多事情都發生了很大的變化。但是，也有許多沒有發生變化。林達爾在 1980 年代的管理者和員工中間重複了他的研究，在 1990 年代又重複了一次。每次結果都是一樣的。

所以，中高階主管要學會讚賞員工。下面把讚賞這個工具詳細地講一講。

(一) 讚賞的益處

1. 每個人都需要得到讚賞和肯定

Q12 測評法中提到員工每週都希望因為工作表現出色被表揚一次，企業需要想盡各種方式表揚員工。

2. 讚賞能使我們對自己的工作產生自豪感

即使工作內容很簡單，如果員工能夠獲得上級的讚賞，他們會覺得工作做得很有價值，會有存在感。例如前章節提到的司機的案例，領導的讚賞讓他感受到自己平凡的工作與企業的使命、願景、策略是連線起來的，重新賦予工作新的意義。司機工作起來會充滿著使命感，因為他做的工作是在幫助企業實現策略目標。而這種自豪感很容易增加員工對企業的忠誠度，其他公司即使漲薪 20%都挖不走。如果手頭的工作產生了意義，對員工來說是很有成就感的，也順應了個人價值感的發展。

3. 讚賞能激發工作熱情和奉獻精神

記住一句話：好孩子都是誇出來的，好員工是表揚出來的。不要整天盯著員工的腳後跟，要在前引導他們。

4. 讚賞能建立員工對企業的忠誠

上級領導經常誇讚員工會提高員工對於企業的認同感。員工能夠直接接觸企業老闆的機會少之甚少，那麼上級對他而言就是老闆，代表著公司。人們都喜歡跟認同自己的朋友走在一起，員工更喜歡跟隨能看見他們做出的貢獻的領導者。

5. 使員工不再感到自己無足輕重

當這些規範性動作被主管反覆做了之後，員工會感受到主管心裡是裝著他們的。主管肯定了他們對於企業的重要性，認為員工不是可有可無的角色，員工自然也會更好地投入到工作中。即使是日復一日、簡單重複的工作，也會在領導者的讚賞中變得有意思起來。

6. 能促使員工全力以赴

當主管和下屬建立起信任關係後，員工會不自覺地把工作的事當作自己家的事那般重要。工作意願自然而然地就被激發了出來。

7. 能改善彼此關係

筆者曾經工作過的一家企業啟動過 PMP 專案（「拍馬屁」專案），同事見面時先誇誇彼此，這一行為很好地拉近了同事間的融合度，即使雙方出現了矛盾，也不會說翻臉就翻臉。

8. 不占用更多的成本

表揚員工所付出的成本只有透過表達散發的熱量而已，可以說是零成本。

(二) 讚賞的方式

讚賞分為兩種類型：表揚和獎勵，如圖 5-7 所示。

表揚	獎勵
- 傾向於自然流露	- 傾向於有計畫的、有組織的行為
- 任何人在任何時候都可以給予	- 必須按照制度執行
- 不太正式	- 更加正式
- 通常不採用現金形式	- 通常採用現金形式
- 經常用	- 較少用
- 無限制：用之不盡	- 有限制：可耗盡

圖 5-7　讚賞的方式

1. 表揚

表揚是一門技術，可以透過練習不斷提升；表揚也是一門藝術，要傾向於自然流露，真心覺得員工做得好，這樣對方聽到也會覺得更真誠，不做作。

任何人在任何時候都可以給予，例如表揚上級、下級、平級，任何場合都可以。表揚最好不要太正式，例如領導看到下屬後說一句：「兄弟，最近瘦了啊！」員工聽完會很開心。表揚通常不採用現金形式，而是稱讚員工某項事或某些行為，例如在部門例會上的發言很有邏輯性等。

表揚要經常用，沒有任何限制，是用之不盡的鼓勵方式。

2. 獎勵

相對於表揚，獎勵更正式。傾向於有計畫的、有組織的行為，必須按照制度執行，例如，每半年或一年企業會評選優秀員工獎、突出貢獻獎、創新達人獎等。獎勵一般會有完整和詳細的流程、制度，要有儀式感，比如企業高管現場頒獎等。

獎勵通常採用現金形式，有成本。較少用，有限制。是可耗盡的鼓勵方式，例如，優秀員工一旦天天評選，就完全失去作用了。

總而言之，表揚要勤用，獎勵要慎用。

(三) 讚賞的原則

1. 讚賞要具體，一定要說具體的事件

例如，主管對下屬說：「昨天你在招待客戶時的表現非常好，客戶已經與我們達成了合作意向，這和你的努力是分不開的。」如果只是簡單誇讚員工做得不錯，等於沒誇。

2. 讚賞要善始善終，結尾不要批評對方

例如，不要出現「但是，可是，我還要多說一句」等類似的話，這樣會給員工留下一種印象：前面所說的表揚都是為批評做準備的。

3. 讚賞要記錄備案

貼在布告欄上或 OA 上，公之於眾，要及時傳達企業高管對於讚賞的意見。

4. 尋找各種機會讚賞員工

一要及時，如果員工今天做出了某個行為，主管三個月後才提出表揚，這反而會讓員工覺得主管不重視自己；二要真誠，表揚的時候看著對方的眼睛。

(四) 當面表揚的四部曲

1. 行為

具體明確地指出員工的哪個、哪些行為備受稱讚，並說出受稱讚的行為的細節。這樣其他員工學習起來也知道該學習什麼。

2. 特質

說明這些行為反映了員工哪些方面的特質，這些特質哪些符合企業價值觀的要求。

3. 結果

這些表現所帶來的積極結果和影響。

4. 期望

分享喜悅的感受，提出積極的期望。

舉個例子，部門老李簽了 1,000 萬元的大單，而本部門年度的目標就是 1,500 萬元。主管該如何表揚？

早上老李來到公司，一進主管辦公室，主管立刻起身迎接，走過來和老李握手道：「老李，辛苦了，這個專案能拿下非常重要！聽說你經常和客戶喝酒，一喝就一斤，你實在的個性得到了客戶的深度認可，因為客戶公司一直有酒文化。而你的行為也展現了我們公司一直奉行的原則，為了公司的利益竭盡全力。我們整個部門全年的任務指標是 1,500 萬元，你一個人一單就拿下 1,000 萬元，年底要發給你超額獎金。公司總部也知道了你的業績，說你為業務部門的同事樹立了很好的典範。今天你就先回家好好休息，昨晚聽說你又和客戶喝酒了，我讓我的司機把你送回去，晚上我訂個上等飯店，我們部門一起為你好好慶祝慶祝。」

等老李準備離創辦公室前，主管還要再跟他握手，說道：「以後我們部門的業務還需要你多做貢獻啊！」

這就是當面表揚的四部曲：行為、特質、結果和期望。

(五) 讚賞員工的十大心法

1. 主管的行為就是最大的鼓勵資源

主管說的和做的要一致，員工一般對領導是「聽其言、觀其行」，如果主管總出現言行不一致的情況，下屬會越來越瞧不起主管。而如果中高階主管言行一致，事事做出表率，那就可以產生比較強的跟隨效應。

2. 讚賞和關心要發自內心

主管對下屬的所有讚賞和關心都應是真心實意，如果主管認為下屬不合適，可以請他離開公司，但不能讚賞得不真實。主管不僅要把下屬帶出來，還要鼓勵他們。鼓勵

讚賞和關心必須是發自內心，否則就是虛情假意，與其那樣，還不如沒有。如果真的對某些員工不滿意，那麼請其離開團隊就好了。

3. 重新界定出色：結果與過程並重

只重視結果，員工可能會蠻幹，甚至做出違背企業價值觀的行為。關注過程即在員工實現目標的過程中，及時追蹤和監督，以確保目標的達成，但不代表要事無鉅細。所以既要讚賞員工取得的工作成績，又要表揚員工工作過程中良好的表現。

4. 區分表揚和取悅

無論是上下級之間還是平級之間，表揚是真心覺得對方做得不錯，而取悅是為了獲得對方的好感。取悅的本質還是有求於人。

5. 表揚與獎勵並用

既要有口頭的表揚，也要有物質的獎勵。

6. 不吝惜你的關心

對下屬不關心的領導者是沒有領導力的，最多也就是一名管理者。因為領導力的原點是員工，是建立在影響力基礎上的跟隨行為。

7. 表揚因人而異

不同人的喜好方式也不同。例如，有的員工形象好，並且也很在乎自己的形象，上級就可以多誇讚其帥氣、瘦了、漂亮等；有的員工形象一般，那就要多誇他有才華。

8. 表揚不是讓你變成另外一個人

有些主管平時對員工很嚴厲，在工作情境中使用表揚的技術，可能會表現不自然，或者跟平時風格迴然不同，會讓下屬感覺主管是不是有問題。

所以表揚也是一門技術，需要慢慢掌握。

(1) 表揚是經理的執業行為

表揚員工是主管應該做的事，不受主管心情影響，無論主管心情好與不好，員工只要做得好就要表揚。不會表揚的中高階主管是不稱職的。

(2) 表揚無處不在

正式場合和非正式場合都要表揚。如果員工業績好，那就獎勵和表揚一起使用；如果業績一般，那表揚員工「瘦了」就好。

四、鼓勵的四個原則

鼓勵有四個原則，如圖 5-8 所示。

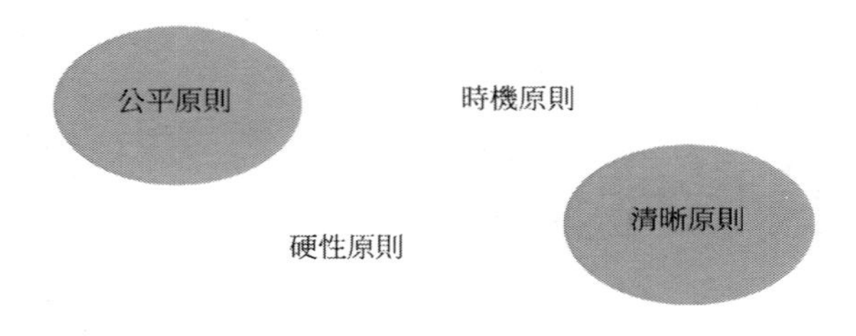

圖 5-8　鼓勵的原則

(一) 公平原則

1. 特定目標與特定鼓勵相適應

公平的評判本身是一個相當複雜的問題：是以工作成果的數量和品質，還是按工作中的努力程度和付出的勞動量？是按工作的復雜程度、困難程度，還是按工作的能力、技能、資歷和學歷？不同的工作方法會得到不同的結果。所以最好的評價應該是按特定的工作目標（複雜、難易程度劃分不同的職責）、努力程度和付出的勞動量的不同，結合工作成果的數量和品質，用明確、客觀、易於考核的標準來衡量，再與特定的鼓勵相配合，這才能展現公平。中高階主管一定要協助公司針對本部門實際，建立一套公正的評價體系，從而形成良好的鼓勵體系。

2. 規則公布於前

對績效的評估結果及與之相應的鼓勵都要在實施之前做好充分的準備，並在公布之前讓員工有一定的了解，其中包括評估的標準、評估的方法、評估人、評估條件等，以及相應的鼓勵方法、鼓勵措施、鼓勵標準、鼓勵範圍等，若能組織員工進行討論並提出建議和措施則更佳。

(1) 及時解釋和說明

規則公布之後若員工有什麼問題要盡可能地解釋清楚，在規則執行過程中，若員工有疑慮，更要及時說明問題的原因及制定的條件等，規則執行後員工有抱怨不要置之不理。

(2) 為下屬確立比較的參照物

下屬「比」的參照物很多：同事、其他部門、其他公司、自己過去的情況等。主管應引導下屬關注自身的工作目標，關注公司的政策。

(二) 硬性原則

1. 鼓勵只能上，不能下

物質上的鼓勵只能是物質利益的不斷提高和增加，精神鼓勵的方式也只能是等級的上升、水準的提高，而且一旦下降或減少則以往的鼓勵效果也將失去作用。

2. 鼓勵具有「抗藥性」

一種方法用幾次就不管用了。人一旦滿足了較低層次的需求，就會立即追求較高層次的需求。有些需求，如自尊、權利、自我發展，是永不滿足的。

3. 鼓勵資源的有限性

公司的鼓勵資源，無論是物質上還是精神方面都是極其有限的，不是取之不盡、用之不竭的。由於鼓勵資源的有限性，主管一方面要合理有效地使用可用的資源，另一方面也要不斷開發和創新鼓勵資源。

4. 鼓勵的效果是有限的

一方面，每一次鼓勵不需要耗盡所有的資源，有時一個小小的鼓勵就夠了，不需要大張旗鼓，但是另一方面，不管動用多少資源，鼓勵的效果也是有限的，不能設想你一旦使用資源後，其作用就是萬能的或能解決所有問題。因此，必須善用你的鼓勵資源，使之發揮出最佳的效果。

所以，鼓勵的力度只能是先弱後強，先小後大。不能將鼓勵的資源一次用完，也不能將鼓勵的資源只用於一個人。

（三）時機原則

時機原則就是在恰當的時機實施鼓勵，或者在不當的時機不實施鼓勵。鼓勵的時機原則是中高階主管在適當的時機和場合給予下屬適時、適當的鼓勵，使鼓勵的作用發揮最大、鼓勵的效果最佳。不能有年終情節。

恰當的時機有以下幾個：

- 在上次表揚的一段時間後再表揚。
- 在下屬最渴望某種需求時能適時地滿足他。
- 在氣氛最佳時表揚他。
- 不要在人們把一件事快要忘記時才去鼓勵。

- 灰心喪氣時給予鼓勵。
- 加薪之後不宜馬上又加薪。
- 沒有晉升時公布晉升的規則。
- 在正式場合公布重要決定。

（四）清晰原則

清晰原則的要點有以下五個方面。

1. 對象清晰

獎勵誰一定要清楚，有些公司做股權鼓勵的時候，居然做得鬼鬼祟祟的，誰被鼓勵還保密，把好好的一個正向鼓勵做成了所有人都不滿意的負面情緒爆發平臺。

2. 標準清晰

標準要一目了然，不能含混不清。尤其是績效鼓勵這樣剛性的制度，一定要表述得清清楚楚，不能變成無休止的迂迴，讓上下級因為標準不清晰而反目。

3. 內容清晰

鼓勵的內容是什麼、為什麼鼓勵、何時鼓勵以及鼓勵的力度有多大，這些都要表述清楚。

4. 透明度及共識性

鼓勵的制度流程要在公司內部做充分的研討，達成共識。讓中高階主管和全體員工都有主動保護制度執行的衝動。

5. 實施細則

實施細則類似於操作規範，一定要寫清楚，研討明白，踏實可靠。

五、知識型員工的鼓勵

(一) 知識型員工的特點

企業中的知識型員工與非知識型員工相比，本質區別在於前者擁有知識資本這一生產數據，也就是說知識型員工是知識所有者，他與資本所有者一樣，具有對所謂剩餘價值的索取權。而後者在生產要素中僅處於勞動力的地位，與知識型員工以生產數據的擁有與投入而獲得的剩餘價值有質的區別。

知識型員工除了這一根本特性外，其特徵還展現在以下四個方面。

1. 知識型員工職業的獨立性

知識型員工憑藉自己的知識和能力，不但可以對組織有較大的選擇性，而且可以自創公司或者成為個體知識工作者，因此知識型員工對組織的依賴性明顯低於普通員工，職業流動性也隨之增大。這也是知識型員工對組織的忠誠度不斷下降的主要原因。難於留住知識型人才已成為企業的一大通病。

2. 知識型員工工作的自主性

越是知識需求和技術含量高的工作，越顯示其工作的個性化。知識型員工的工作最具創造性，對新知識的探索、對新事物的創造過程，主要是在獨立、自主的環境下進行。企業如何為知識型員工創造一個寬鬆的工作環境，給予其一定的自主、自治權，已被看作鼓勵知識型員工的一方面。

3. 知識型員工人力資本的投資性

知識型員工要跟上日益更新發展的科學技術，除工作實踐外，還必須不斷學習和培訓，以保持其能力和價值，企業在這方面進行必要的人力資本投資，具有較強的鼓勵意義。

4. 知識型員工的需求個性化

由於知識型員工的教育程度、工作性質、工作方法和環境等與眾不同，他們形成了獨特的思維方式、情感表達和心理需求，尤其是隨著社會的不斷進步，知識型員工的需求正朝著個性化和多元化發展，需求層次變得日益無序。

(二) 建立知識型員工鼓勵體系

1. 企業層次對知識型員工的鼓勵

(1) 知識的資本化鼓勵

企業可以建立知識資本化鼓勵制度，有條件地以股權形式分配給員工不同比例的股票：對擁有核心知識能力的員工，可以以技術入股的方式給予技術價值的承認；對知識型管理方面的員工，可用管理入股的形式鼓勵其工作積極性。

(2) 為員工建立多重職業發展路徑

知識型員工職業發展的方向通常有橫向和縱向兩種：橫向指跨越專業邊界的運動，有助於擴大員工的知識面，開闊眼界，為進一步深入精通本專業打下堅實基礎；縱向即沿著企業等級層系跨越等級邊界，獲得較高職務或職稱的晉升。如一些高科技公司為其知識型員工建立的多重職業發展路徑，包括領導、科學家、工程師、職業經理等專業人員路徑，甚至也包括學習機會、資訊獲取、薪酬晉升和工作範圍擴大等。不論知識型員工選擇哪種職業發展路徑都能獲得認可、鼓勵和獎勵。

(3) 加強智慧財產權的保護

科學地進行智慧財產權保護，要處理好企業創新產品價值實現與知識型員工個人價值實現的關係。智慧財產權保護以保護企業成果為主，但作為企業組織成員的知識型員工個人創新價值的實現，是在企業知識創新成果保護的過程中實現的，保護企業成果就是保護員工個人的工作成果不被非法侵害。將智慧財產權保護與知識資本鼓勵相結合，可以有效促進技術密集型產品的發展。

2. 知識型團隊內部的鼓勵

知識型團隊是知識型員工實現自身價值、滿足其物質和精神需求的重要載體，團隊內部的鼓勵措施對於增強知識型員工的歸屬感和忠誠度，具有重要意義。

(1) 營造相互支持的團隊氛圍

由於成員的臨時性、專業的差異性等原因，在知識型團隊之間建立強烈依賴性的人際關係最大的挑戰是彼此之間的信任和尊重。要確保能夠得到這種信任和尊重必須做好三件事：容忍個性、善問領導、確保有足夠的溝通。

(2) 樹立共享的團隊目標

知識型員工的特點，決定了按既定方針辦事，或控制他們用確切的行為原則辦事的傳統的團隊管理方式，難以取得預想的效果。採取反覆強調團隊宗旨，使知識型員工理解他們貢獻的價值並引起共鳴，從而引發為團隊感到自豪並多做貢獻的奉獻精神。

(3)任用有魅力的團隊負責人

這一點非常重要。知識型團隊的負責人首先應該是一個技術專家，這樣不至於犯技術上的低階錯誤；能夠指導下屬的專業工作；易於和在知識型團隊中占大多數的知識型員工溝通，並在他們中樹立威信；必須善於管理那些在某些專業知識方面超過自己的下屬；要善於處理好專業水準與員工滿意度之間的平衡，以及注重個人學習與引導團隊成員學習之間的平衡。

職場感悟

—— 績效鼓勵是一門技術，需要學習，不可以蠻幹。

1. 人在半生不熟的時候，最上癮。
2. 人在有備份的時候最勤奮。

鯰魚效應（Catfish Effect）

西班牙人愛吃沙丁魚，但沙丁魚非常嬌貴，極不適應離開大海後的環境。當漁民們把剛捕撈上來的沙丁魚放入魚槽運回碼頭後，用不了多久沙丁魚就會死去。而死掉的沙丁魚味道不好、銷量也差，倘若抵港時沙丁魚還活著，價格就要比死魚高出若干倍。為延長沙丁魚的生命，漁民們想方設法讓魚活著到達港口。後來漁民們想出一個方法，將幾條沙丁魚的天敵鯰魚放在運輸容器裡。因為鯰魚是食肉魚，放進魚槽後，鯰魚便會四處遊動尋找小魚吃。為了躲避天敵的吞食，沙丁魚自然加速遊動，從而保持了旺盛的生命力。如此一來，沙丁魚就能活蹦亂跳地回到漁港。

這在經濟學上被稱作「鯰魚效應」。

其實用人亦然。一個公司，如果人員長期固定，缺乏活力與新鮮感，容易產生惰性。尤其是一些老員工，工作時間長了就容易厭倦、懈怠、倚老賣老，因此有必要找些外來的「鯰魚」加入公司，製造一些緊張氣氛。當員工們看見自己的位置多了些「職業殺手」時，便會有種緊迫感，知道該加快步伐了，否則就會被替換掉。這樣一來，企業自然而然就生機勃勃了。

第 6 堂課
評估人 —— 肯定進步　面向未來

績效評估是令大多數中高階主管頭疼的事情，恨不得把這個事情直接丟還給 HR 去做，這是因為大的投入對績效評估有很大的失誤。試想一下：團隊是中高階主管組建的，責任目標是中高階主管親自安排給下屬的，下屬是中高階主管手把手輔匯出來的，下屬的工作意願是中高階主管激發出來的。那麼，如果公司制度沒有過多的瑕疵，在績效考評的時候，上下級之間應該對工作的成績是有共識的。如果員工還不能接受的話，只說明一個問題：此人不是你的人而已。

本節課講一講評估人。

本章節學習內容：

- 績效管理的 PDCA
- 中高階主管與 HR 的績效職責分工
- 考核前的五項準備
- 完成績效考核的四步
- 績效結果的回饋
- 績效改進

一、績效管理的 PDCA

績效管理的 PDCA 是指，Plan（計畫），即績效計畫；Do（執行），即績效實施與管理；Check（檢查），即績效評估；Action（處理），即績效回饋面談，如圖 6-1 所示。

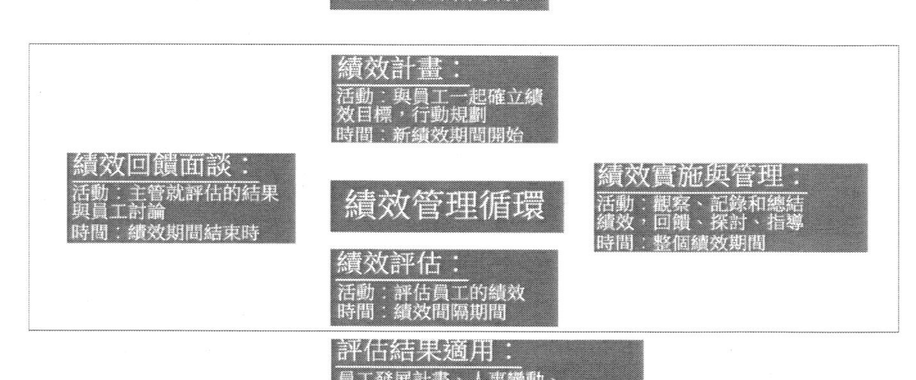

圖 6-1　績效管理的 PDCA

(一) 績效計畫

績效計畫本質上就是日常的工作計畫，如果把日常工作中重要的事項放在業績考核表中，就形成了績效計畫。績效指標設計出來後，先將公司的 KPI 指標分解到一級部門，再分解到二級部門，最後分解到職位，緊接著將公司的目標和指標轉化為工作計畫，在時間項度上分解至季、月和週，這樣操作，績效管理即可落地。這些實際上是「要求人」的環節。

績效計畫階段關注點包括：考核專案、權重、目標值、評價標準、考核人和數據來源。

所以一定要首先明確考核的內容。明確考核專案的數量後，要將各個專案的權重標識出來，以保證員工工作的主方向不跑偏。但實際情況是，很多員工報上來的考核專案往往把表象的任務賦予了最高的權重，而核心業務只占不到 30%的權重，所以領導者一定要嚴格把關。

目標值指的是每個目標在考核週期內要達到的數值是多少，也就是 SMART 原則中的可達到。一般指標分為兩類，一類是必須達成的目標，另一類是願景類指標，願景類指標根據規定達成百分比即可。

評價標準就是評判工作達成的好壞，在企業剛匯入績效管理專案時，評分標準的制定所占的工作量基本能占到 50%以上，考核專案能不能落地，目標值能不能達成，考核的是功勞還是苦勞，最終看的就是評分標準。如果企業按照 ABC 三個等級來考核，那麼業績考核表中的每一項考核專案都要分成 ABC 三等，如果不這麼做，考核的往往是苦勞而不是功勞，所有人的考核結果都在 80 分以上，其樂融融，但目標沒達成，老闆會很不開心，後果很嚴重。

考核人是確定誰來考核，主要有上級考核下級、下級考核上級或 360 度考評。筆者建議上級考核下級即可，最多隔級調整一下。如果使用 360 度考評，結果往往分數最高的是公司的櫃檯或司機職位，因為這些職位跟大家沒有利益衝突。如果上級考核的權重只占 30%，上級還如何管理下屬？如果上級的權重占到 70%，員工還有可能重視自己的直屬上司嗎？所以盡量不要 360 度全員參與，一旦全員參與就意味著沒有人對考評負責。也盡量不要讓下級考核上級，可以透過員工滿意度調查或 Q12 測評法調查來了解中高階主管的團隊管理情況，給其製造些緊張感即可。

數據來源要明確，KPI 指標的考核數據盡量從第三方獲取，例如，公司的統計部門、財務部門、人力資源部門等，不要讓員工或部門主管自己提供。KBI 指標一般是由上級提供的。也有些特殊職位可能只能員工自己來提供，那就選擇相信員工。

(二) 績效實施與管理

做好了工作計畫之後一定要將計劃付諸實施。在實施的過程中要觀察、記錄、總結績效結果，回饋和指導績效行為。績效實施環節最大的工作量是輔導和鼓勵員工，讓員工在工作過程中既學到東西，又受到表揚，提高工作積極性，保證任務能夠相對可靠的達成。

績效實施的關注點包括輔導員工、建立績效臺帳（落地）。

這是由主管帶著員工實施績效計畫的階段，占整個績效管理、整個流程工作量的 60%～ 70%，甚至更高，非常重要。員工不會做，主管要輔導員工；員工會做，主管要建立回饋追蹤機制；員工會做但不願意做，主管要做員工鼓勵工作，具體參照第四堂課和第五堂課的內容。

建立績效臺帳，在績效計畫實施過程中，領導要注意收集數據，建立臺帳。KPI 指標好收集，有具體的數據，而 KBI 指標就需要在日常的工作中進行記錄。例如，每週週報，月度總結會上都要跟員工交代清楚，這樣在績效評估時有理有據。

(三) 績效評估

在績效週期期末的時候，進行績效評估。將評估結果應用於員工發展計畫、人事變動、薪酬調整、獎金發放和培訓發展中。

績效評估階段的關注點包括客觀、公正、以計畫和結果為依據。

一般來說，考核計畫是主管和員工一起制定的，考考核施階段也是主管和員工一起完成的，對於績效評估的結果，員工應該是認同的。如果出現員工不認同的情況，基本上這個員工就不是主管的人，當然這裡需要強調的是主管是能夠勝任的經理人。

績效評估的時候，要將期初和期末計畫的達成情況相匹配，不要拍腦袋，該得多少分就是多少分。如果希望調整分數，那就整個部門統一調整。

(四) 績效回饋面談

績效回饋實際上貫穿整個績效管理的全過程，這裡說的績效回饋面談，即績效結果的回饋。回饋一下結果，讓員工照照鏡子，覆盤員工上一個階段的工作情況，做得好的表揚，做得不好的要改進，如何改進，上下級要達成一致。同時要結合企業和部門的目標，制定下個階段的工作計畫，做好員工的職業生涯規劃。

績效回饋階段的關注點包括行為和結果、不評價個性、要有面談方案。

績效考核考察下屬的兩個方面：KPI 和 KBI。KPI 是結果，KBI 是行為效果。不評價個性，個性是天生的，很難改變，可以向員工多宣傳企業價值觀，進而促使員工有意識地產生符合企業價值觀的行為；也不考核能力，能力是測評出來的，能力的高低最終展現在績效結果上。

績效面談方案要因人而定，要有套路，面談不僅要談工作情況，還要結合員工的職業生涯的成長路徑，以關心員工成長的角度去談，這樣員工也更容易接受。

整個 PDCA 的過程貫穿著績效溝通，不能略過某一項，每一項都很重要。

二、中高階主管與 HR 的績效職責分工

如表 6-1 所示，根據績效管理的不同階段，即策略規劃階段、目標制定與分解階段、KPI 指標設計階段、績效輔導階段、績效評估階段、績效面談階段、績效結果應用階段，來劃分中高階主管和人力資源部門的責任，有分工和配合，企業的績效管理工作才能到位。

表 6-1　職責分工

階段	HR 責任業	中高階主管責任
策略規劃	．同公司最高管理者溝通績效實施計畫 ．制定詳細績效推進計畫	．制定部門策略（策略）
目標制定與分解	．組織進行公司級目標分解 ．協助業務部門進行部門目標分解	．制定部門工作重點和目標 ．組織目標分解到各個員工
KPI 指標設計	．協助最高管理層設計公司級 KPI ．協助部門經理設計部門級和員工級 KPI ．整理 KPI 詞典	．設計部門 KPI 指標 ．設計個人三級 KPI 指標
績效輔導	．與各個業務部門經理溝通目標完成情況、遇到的問題，提示最高管理層進行績效輔導 ．與員工溝通目標完成情況，與業務經理溝通輔導的實施情況	．提供員工完成任務所必需的有關資源 ．排除員工在完成任務中所遇到的障礙 ．檢查、督導各個員工工作目標完成情況，給予員工適時的指導

階段	HR 責任業	中高階主管責任
績效評估	‧設計評估流程和相關表單 ‧組織實施公司級績效評估 ‧參與部門績效評估過程（對於經理的評估能力尚未達到公司標準） ‧對績效評估結果進行彙總、簽報	‧自評 ‧對下屬績效完成情況進行評價
績效面談	‧組織實施公司級績效面談 ‧參與部門績效面談過程 ‧收集整理面談紀錄和改進計畫	‧組織與員工面談 ‧制定員工改進計畫
績效結果應用	‧協助總經理制定績效結果與績效獎金掛鉤計畫 ‧落實績效結果掛鉤 ‧處理績效投訴	代表公司與員工溝通績效考核結果

（一）中高階主管的績效管理責任

在策略規劃階段，中高階主管需要基於公司的策略目標和年度計畫制定部門策略。不同規模的企業，其部門職責也不同，規模小的企業，行政、人事、財務、商務統稱為綜合部，市場和銷售統稱為市場行銷部，而規模大的企業各部門按照獨立職責設定，不會過度合併職能。所以首先要弄清楚部門的職責有哪些，策略一定是基於職責去拆分的，非職責範圍內的策略與本部門關聯度不大。

在目標制定與分解環節，中高階主管需要結合部門策略和職責制定部門工作重點和目標，然後將部門目標分解到二級部門或具體職位，先有目標後有指標。

KPI 指標設計階段，中高階主管需要設計部門 KPI 指標，一般部門目標數量是設定 3 ～ 5 個，根據目標的情況設定衡量目標的 KPI 體系即可，然後將部門指標分解到二級部門或具體職位。針對公司三級目標體系，企業內需要設計對應的 KPI 指標庫。

績效輔導階段，中高階主管需要提供員工完成任務所必需的相關資源，同時排除員工在完成任務中所遇到的障礙；檢查、督導各個員工工作目標完成情況；給予員工適時的指導。這也是中高階主管帶著員工共同將績效指標完成的過程。在職的輔導和鼓勵是最有時效的，員工通常都是透過做事練出來的。

績效評估階段，中高階主管需要組織員工做工作總結，並對下屬績效完成情況進行客觀公正的評價。

績效面談階段，中高階主管需要組織員工的績效面談，內容包括：績效面談前的準備。既要準備資料，也要設計有針對性的面談方案，不能太隨意；面談的過程。面談要有步驟、有套路，基本的步驟有七步，下文會細講；面談結束後要追蹤。如果沒有追蹤，往往談了也沒什麼作用，因為員工只作領導檢查的工作。

在面談的過程中，中高階主管引導員工提出改進方案，如果員工的方案能達到主管預期方案的 70%的水準，那就按員工的方案執行，因為員工自己想出來的方案，執行起來也會更積極。

績效結果應用階段，中高階主管需要代表公司與員工溝通績效考核結果，不同的結果對員工的績效獎金、薪酬調整、晉升、評優等都有哪些影響，要和員工講清楚。

實際上，中高階主管是績效管理中的主力。

(二)HR 的績效管理責任

基於公司的發展階段和實際情況選擇一個績效管理工具。目前常用的績效管理工具有四種:MBO、BSC、KPI 和 OKR,選擇一個適合企業的。

選擇了績效管理工具後,主要是推動績效管理的程式向前發展,例如,期初組織各部門提交績效計畫,期末做員工的面談回饋。

同時,HR 扮演著內部績效專家的角色。在績效管理的 PDCA 整個流程中,業務部門主管都可能存在疑惑和困難,HR 要以開放的心態幫助業務部門解決問題。當業務部門來請教時,HR 要積極給出建議,如果 HR 也沒有辦法,要向績效管理委員會或老闆求助、商討,只有這樣,才能保證整個績效管理有序進行。

每年績效管理週期結束後,HR 基於公司績效管理體系的運轉情況,與各個業務部門的核心主管做面對面的溝通訪談,包括績效執行過程中有哪些環節做得好,有哪些環節需要改進。和業務主管訪談結束後,還要做全員的績效調查問卷,有需要調整和改善的部分一定要及時調整。

在績效管理中,HR 的責任就相當於財務部門做財務預算管理的角色,發揮引導和輔導作用。

三、考核前的準備

(一)考核與薪資發放掛鉤

考核不被重視、員工不按照月度完成工作總結和員工自評、經理評價不及時、考核拖沓、持續時間太長、績效薪資發放延期,這些往往都會導致員工對績效考核怨聲載道，拒絕推進考核專案。

解決的方案有兩種：一種是簡化考核的過程，縮小業務主管和員工在考核工作上投入的時間和精力；另一種是將績效考核與薪資發放掛鉤，將是否如期完成績效考核評估作為發放薪資的必要條件。

（二）收集數據，草擬個人工作總結

在月度末，考核開始前，各個部門負責人要組織、收集並整理與月度考核有關的數據，作為考核的依據，同時根據個人承擔的角色發送給本部門員工。

根據月度計畫及個人實際完成情況，由各個員工自行完成月度個人工作總結，個人工作總結包括。

- ◆ 月度工作重點和目標。
- ◆ 月度工作計畫變更及新增工作。
- ◆ 實際工作完成情況。
- ◆ 存在的問題和改進點。

工作總結完成後，員工要提交直屬上司稽核。為保證考核的有效性，避免員工重複工作，筆者建議將工作總結和考核表整合成一張表。

經驗提示

如何讓月度總結有效，而不是講套話、俗話，最簡單有效的辦法是用 excel 寫總結，而不是採用 word 方式。相比 word 方式，excel 表以二維方式展示，內容更直接，如表 6-2 所示。

表 6-2　某公司 HR 經理月度工作總結表

序號	工作重點內容（專案）	完成情況
1	HR 系統上線	完成 core 數據匯入和基本薪酬數據導入，公式開發中
2	總部 2017 年幹部述職及評估	完成總部 80%人員的幹部述職和評估
3	總部 2018 年組織結構設計及競聘	完成 800 應徵計畫
4	800 應徵計畫	完成 800 應徵計畫
5	薪酬管理	完成總部薪酬設計邏輯方案編寫
6	分公司員工培訓	支援其他地區的員工培訓
7	2018 年新勞動合約簽署	完成分公司組織結構設計、人員改善及新版勞動合約的簽署
8	出版公司首期報紙	出版公司首期報紙完成首期報紙的出版印刷

（三）確定考評關係，核定考核表

1. 確定考評關係

每月末，人力資源部門需要根據公司管理分工、組織結構變動來確定各類職位的考評關係，填寫《考核關係一覽表》，確定各個被考核者的直屬上司和間接主管。《考核關係一覽表》以人力資源部名義正式釋出，作為考評關係的依據，見表 6-3。

表 6-3　《考核關係一覽表》

序號	所屬部門	被考評者	考核責任者	考核復核者
1		張三（應徵主管）	李四（HR 經理）	王五（HR 總監）
2				

序號	所屬部門	被考評者	考核責任者	考核復核者
3				
4				
5				
6				

2. 核定考核表

在每月考核前，人力資源部門需要根據各部門 KPI 指標設計情況，配合部門主管修正、核定各類職位的《月度績效考核表》（見表 6-4），並統一釋出實施。

核定考核表的內容需要包括：確定並修正考核專案（根據月度實際工作進展與月度計畫之間的改變進行調整）；修改權重（如有必要）。

表 6-4　《月度績效考核表》（某公司辦事處主任）

姓名		職位	辦事處主任			上級評價
考核內容（結果、行為）		工作目標	權重	完成情況	得分	得分
績效指標	銷售計畫完成率					
	新產品銷售計畫完成率					
	市場占有率					
	顧客有效投訴次數					
	市場覆蓋率					
	新市場開拓目標完成率					

<table>
<tr><td rowspan="2">關鍵行為</td><td>資訊回饋及問題處理的及時性</td><td></td><td></td><td></td><td></td><td></td></tr>
<tr><td>促銷效果</td><td></td><td></td><td></td><td></td><td></td></tr>
<tr><td>周邊配合</td><td colspan="3"></td><td></td><td></td><td></td></tr>
<tr><td rowspan="2">關鍵事件</td><td colspan="3">對公司或部門有特殊的貢獻，可加 1 ～ 5 分</td><td rowspan="2">總分</td><td rowspan="2"></td><td rowspan="2"></td></tr>
<tr><td colspan="3">因工作失誤造成公司或部門損失，減 1 ～ 5 分</td></tr>
<tr><td>主管評價</td><td colspan="6">考核結果：
□ S（傑出）□ A（良好）□ B（合格）□ C（不合格）□ D（極差）</td></tr>
</table>

3. 如何進行權重分配

對於一個職位而言，不是所有的目標或者考核指標都是同等重要的，因此需要根據各項工作對於公司的重要性進行權重分配，以達到科學合理地考核。

設計權重最簡單有效的方式是：透過二八理論來設計權重指標，即將權重總分設計為 100 分，將考核專案中關鍵的三四項指標設計為 80%權重，其他指標設計為 20%權重，確定其他指標的具體分數。然後再確定 80%權重的關鍵指標權重，找到核心的指標專案，設計 40%～ 50%，其他專案再分解到 30%～ 40%。

經驗提示

除非業務部門的工作內容非常固定，流程非常清楚，否則各業務部門的各個職位在每個月度關注的工作焦點和內容都不相同，因此需要中高階主管按照月度對各個考核專案的權重進行改善調整，以達到考核的真正目的。

4. 部門經理準備考核證據文件

在月度末，各個業務部門經理組織對本部門負責的數據進行整理、彙總，提供數據彙總表，確認後發送到各個部門員工處作為績效考核的依據。

同時，各個業務部門經理根據考核專案，以及員工自評分結果，向各個員工提出有關證據彙總要求。

5. 考核前輔導

在考核前，HR 需要組織各級管理人員、員工進行有關考評方法的培訓輔導，尤其是績效剛剛推進時，輔導內容包括：

- ◆ 目標設計及落實到工作計畫。
- ◆ 設計考核專案及權重。
- ◆ 自評方法及證據準備。
- ◆ 結合證據對下屬考評。
- ◆ 績效面談準備及實施。
- ◆ 制定績效改進方案。

經驗提示

對下屬進行考核是所有中高階主管必須掌握的一項技能。對此，在推進績效專案實施中，公司必須花費大量時間提升各個中高階主管對考核的了解，對考核技巧的掌握，直至中高階主管能夠熟練使用各類考核工具，主動對下屬進行考核。

四、完成績效考核的四步

(一) 個人自評

每月度初，由各個員工對上月各項工作完成情況進行總結，提交工作總結。同時對照考核標準進行自評，填寫《月度績效考核表》，提供相關證據（各類數據統計結果及工作總結），提交至直屬上司進行評價。

經驗提示

為什麼要進行自評？

績效管理過程的核心內容，是上級和下屬之間就工作目標、完成情況、評分標準達成一致，即員工對目標及其完成效果的評價尺度與上級一致。

如果不採取自評方式，直接由上司進行評價，那麼往往會形成「上司考核一言堂」，時間久了會打擊下屬的工作積極性。而透過自評，上司可以清楚地了解員工對工作目標的理解以及對完成結果的標準評價尺度，透過持續的績效考核和溝通達成一致。當然也要考慮員工的成熟度。

(二) 主管上級評價

直屬上司在收到員工自評結果後，結合相關證據，對員工月度工作績效進行評價，主要工作流程為：

- 考核各項數據的目標值和實際完成值。
- 核定員工關鍵行為指標完成效度。
- 確定與員工自評結果有重大出入的專案。

主管上級評價後，在正式提交間接主管審批前，要組織員工進行績效面談。

績效考核評價結果完成後，部門直屬上司將完成的績效考核評價結果提交間接主管進行稽核批准。

(三) 間接主管評審

根據直屬上司確認的考核結果和績效面談記錄，由被考核人的間接主管組織對考核結果進行覆核，間接主管主要稽核。

- ◆ 員工自評與直屬上司考核結果的差異。
- ◆ 稽核各項證據的符合性。
- ◆ 校正、彙總、確認員工績效評價結果。

間接上級批准的考核結果應當符合公司有關考核結果比例的規定。

經驗提示

間接主管稽核被考核人資料時，如需更改員工成績，須與員工的直屬上司進行協商。

(四) 確定考核結果及彙總

以各個業務部門為單位，由各個被考核人的間接上級對考核結果進行彙總，彙總後提交人力資源部編制《月度績效考核成績彙總表》。

人力資源部根據公司績效考核制度的有關規定，對所有考核成績進行稽核，稽核考核結果是否符合公司規定，經人力資源經理（總監）簽署後的《月度績效考核成績彙總表》須報送公司總經理（董事長）批准。

不同公司可以根據實際情況調整考核成績，但一定要重視並且慎重。如果考核結果應用變成輪流坐莊，績效管理所有的動作就都無效了。這樣會出現優秀員工留不住，不合格員工開不掉，能力不上不下的員工成為公司的中流砥柱的現象，這會對企業人才梯隊的打造造成巨大的負面影響。

經驗提示

績效評估中常見的問題，如圖 6-2 所示。

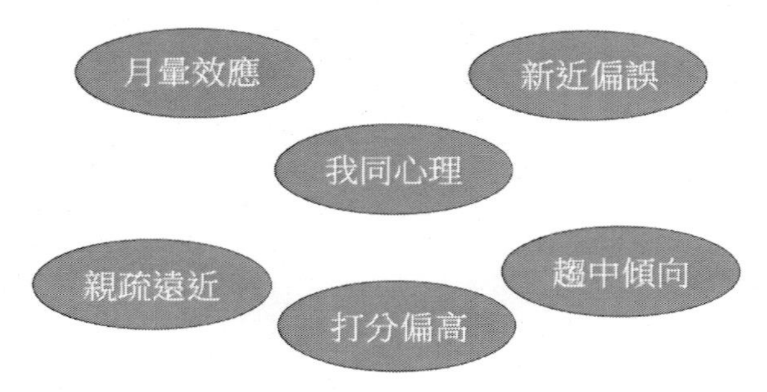

圖 6-2　績效評估中常見的問題

月暈效應

例如，某位女性長得非常漂亮，情商又高，就會導致對她很難有客觀的評價。在績效評估中，常出現主管認為某個員工工作很辛苦認真，而忽略了員工工作效率低和工作成果差的情況。

新近偏誤

例如，公司實施的是季度考核，某員工到季度快結束前的半個月才加班趕進度，如果沒有績效臺帳，中高階主管就可能會認為該員工格外敬業，反而誤給了好成績。

我同心理

例如，某員工是主管的老下屬，或者同鄉、校友等，這也會影響主管評估的客觀性。

親疏遠近

無論考核制度搭建的有多成熟，考核結果好的通常有兩種情況：一是業績好的，二是跟主管關係好的。考核成績差的，一般都是業績差的和跟主管關係差的。

打分偏高

例如業務部門和財務部門。這兩個部門的主管往往自信心爆棚，部門主管會給全員高分。

趨中傾向

例如研發部門和生產部門。這兩個部門的主管往往做事比較中庸，所以打分也是較保守。

不過，如果將績效管理的 PDCA 中的各項關注點都做好，這些評估中存在的問題是可以解決的。評估打分的過程一定是實戰的過程，部門主管之間要經常溝通，人力資源部門也可以邀請大家一起討論、試評估、角色扮演，效果會好很多。

五、績效結果的回饋

(一) 績效溝通的意義和價值

整個績效管理的工作中，最重要的就是績效溝通。績效溝通的意義和價值有以下三點。

1. 傳遞壓力

將公司和老闆對於部門的壓力，傳遞給二級部門和員工，不能只是自己頂著壓力，其他人則全然不知，這樣不會出成效的。如果部門主管因為業績不好被老闆批評了，回到部門後一定不能說「兄弟們，這次我們的業績完成得不錯，好好做」，而是立刻召開部門會議，把真實的情況回饋給部門其他員工，然後共同商討對策和方案。

2. 傳遞價值觀

績效管理的制度和流程也屬於制度文化，所以中高階主管一定要清楚企業價值觀鼓勵什麼，反對什麼，在績效溝通的過程中傳達到位。當然，如果績效管理文化與企業價值觀相衝突，企業的績效管理會出大問題。

3. 傳遞評估標準

整個績效管理過程中，評估標準不是一成不變的，版本在不斷地更新，今年 1.0 版本，明年可能就是 1.1 版本了。因為業務部門的考核相對簡單，按照達成率就可以了；職能部門主要聚焦在基於職位職責的行為指標考核，這些指標如果不變化，慢慢地，諸如人力、財務、行政等部門的考核結果全部會是優秀，所以要不斷更新，例如今年的優秀到明年也就剛剛處於及格的水準。

（二）績效面談的步驟

案例

王經理是您下屬中的佼佼者，在過去兩個季度的績效評估中，他的績效結果都是「A」，也就是優秀。然而最近您發現他的工作熱情消退，業績開始下滑。作為主管，您準備和他進行一次面談。

從案例可以看到，王經理業績、態度雙下滑，突然從第四階段的員工下降到了第二階段的員工。對於這類員工，主管領導一定要予以關注，否則員工很可能就離職了，因此需要和王經理展開一次績效面談。

在面談前，首先要準備方案。像這類員工在部門內跟主管的關係應該不會太差，而他突然出現業績下滑的情況，肯定會有部門的其他同事向主管回饋。這時候主管不要被外界的情況所干擾，而是想一想讓王經理的業績和態度下滑的可能原因有哪些：是部門有員工離職，還是部門費用不夠用，或者是不是家庭出了特殊情況，再或者有競爭公司用高薪挖他，或者員工對公司的某項政策調整不滿意等等。主管一定要跟員工談到位，避免出現員工「中途逃跑」的情況，因為把員工帶到第三、第四階段是非常不容易的。

績效面談一共包括七個步驟，根據公司的具體情況操作，未必每個步驟都要有，但爭取都考慮到。

1. 好的開始

建立良好的溝通氛圍，說明此次溝通的目的。

例如，主管約王經理進行一次面談，王經理到辦公室後，主管要先問王經理，是喝茶還是喝咖啡？泡好茶或咖啡後，喝兩三口，再開始說此次溝通的目的。主管要提開放性問題，例如：王經理，你先說說吧。

2. 傾聽並使員工積極參與

員工說的內容其實就是工作目標進展的情況，哪些方面進行得好？哪些方面需要進一步改善和提高？

王經理這時候可能會說他之前績效一直是A，這兩個月業績不太好，才達成目標的30%，他會解釋達成率低的原因，例如，核心銷售離職了，其他員工還沒完全上手，銷售政策不太好，家裡老人身體也不太好等。說完原因後，領導可以請其提出初步的改進建議，畢竟是優秀員工。

初步建議裡可能會有希望主管提供的支持，例如，希望主管能協調和產品部的溝通，同意多招幾個人，下屬自己也會盡量安排好家裡的事情等。

3. 描述員工行為

當員工陳述後，主管可以開始描述員工行為了，一定要描述具體的行為，避免概括性的結論和推論，並解釋行為對績效目標產生的影響。

4. 給予積極的回饋

描述員工行為的時候，要真誠、具體地表揚員工，嘉獎員工表現積極的行為。主管可以說：「王經理，你過去兩個季度的業績都非常好，都是 A，正因為你的好成績，我們部門的整體目標達成率比預期高了 20%，我的上司李總還專門因為這個事情表揚了我呢！」這麼說能讓王經理感受到自己對於整個部門的貢獻，效果會非常好。

5. 指出員工需要改進的方面，達成共識

表揚了員工做得好的地方，緊接著要溝通確認員工需改善的工作內容，為提高員工的知識和技能提供輔導，同時確認需給予的資源和支持，與員工達成共識。

對員工自己提出的改進意見要給予回應，例如，王經理提到想要招新人，對此建議可以回應：「王經理，你剛才提到招一個新人，我認為對你的幫助可能並不大，我們另一個組的老員工老李目前沒在專案上，時間比較空閒，我把他調過來給你，我再給這個專案招一個新人就好了。你這邊如果安排個老人，他也能更快地適應專案為你分擔壓力。對於你提到的與產品部門的溝通，下週你提醒我，我約一下產品部門的總監，請他幫你的部門（團隊）做一個產品功能的培訓。對於你家裡的情況，你看看要不要找一個保母，或者讓弟妹多操點心，我也讓你大嫂多去看幾

趟。關於銷售費用，我先從我的大部門費用裡撥一部分給你。」

這一步主要是主管在表明態度，為員工提供具體的支持。

6. 以鼓勵結束面談

以鼓勵的話語結束談話。主管可以說：「王經理，你自己對於工作改進也有比較完善的想法和打算，今天我們也做了深入溝通，如果我們商定的這幾個工作能做到位，到第三季度你應該能剎住車、止住頹勢，第四季度再追一追，你的指標達成應該是沒什麼問題，獎金也丟不了。好好加油做！」

7. 形成書面紀錄

面談的時候，要記錄談話重點，員工認同的事情、改進措施及員工不認同的事情。主管可以說：「王經理，我們今天談得不錯，你把我們達成共識的地方整理整理，傳個郵件給我，我確認後幫你協調資源，我們一起繼續努力。」

面談結束王經理準備離開時，主管還可以順勢再說一句：「王經理，這盒茶葉你拿回去吧！」再次加深兄弟情。

這就是完整的績效面談的過程。

(三) 七類員工的溝通策略

1. 優秀的下級

鼓勵為主，和下級一起制定發展計畫，不要急於承諾。這類員工知道自己會做什麼，要做什麼，一旦主管的承諾未兌現，心裡一波動說不定就離職了。

2. 一直無明顯進步的下級

開誠布公地跟下級討論現職位是否適合他，使其意識到不足。直接跟下級談是否需要幫他換一個更適合的職位。對於這類員工，如果認同企業價值觀，先培養再調職，調職一段時間後仍然不能適應職位要求的，只能讓其離開公司了。

3. 績效差的下級

不要認準是個人問題，績效差是問題，既然是問題，就要具體分析問題產生的原因，不要著急解決問題。例如，可能是管理方式的問題、溝通障礙等，也有可能是階段性的。

4. 年齡大、年資長的下級

尊重他們，這類員工已經在企業工作很多年了，相當於把畢生貢獻給公司了，所以要肯定他們的貢獻，多給予耐心和關切。如果他們不知道怎麼處理手頭的工作，為其出出主意，想想辦法。讓新員工和他們搭團隊，提升他們的價值感。

5. 過分雄心勃勃的下級

這類員工一般能力比較強，學歷比較高，來到公司後感覺誰都沒有自己好。對這類員工，主管要耐心開導，用事實說明其差距，先讓他們做事，事沒做成後再指出問題，不能直接潑冷水。和他們討論未來的發展可能性和計劃，但不要讓他們產生錯覺。最好找讓他們敬佩的人來帶，往往能夠做到水到渠成。

6. 沉默內向的下級

內向的員工一般不愛說話，但不愛說話不代表能力不夠，要耐心啟發，善於使用開放性問題，例如：「老李，這個問題你怎麼看（怎麼想）？」提非訓導性的問題，多徵詢意見，多觀察他們平時的興趣愛好，談論一些共同話題。主管把工作交給這類員工往往更放心，因為他們可能屬於貓頭鷹型的，善研究。

7. 愛發火的下級

耐心聽完，盡量不要馬上爭辯，一旦吵起來反而不好收場，而且主管跟下級吵架，影響的是主管的形象。找出下屬發火的原因，冷靜分析，如果下級確實遇到困難，就幫著解決問題；如果是個人原因，要給予建設性批評，削弱其囂張的氣焰。

所以，評估人的環節不要停留在評估這一點上，否則就變成了幫員工貼標籤：小李是 A，小王是 D，小宋是 C，如果評估變成了只有分數，就麻煩了。要科學合理地給員工評分，讓員工心服口服，將要求人、輔導人、鼓勵人做到位。

（四）績效回饋面談中的技巧

1. 傾聽的技巧

績效面談是主管與員工雙向溝通的過程。實際工作中會出現將溝通演變成上級對員工的訓話。事實上，上級應透過面談更多地收集員工的資訊。因此，在績效面談中，一定要給員工講話的機會，多讓員工表達自己的觀點。在溝通中，要掌握以下有效傾聽的技巧：

- 保持目光接觸。

◆ 展現讚許性地點頭和恰當的面部表情。

◆ 避免分心的舉動或手勢。

◆ 提問。

◆ 復述。

◆ 避免打斷說話者。

◆ 不要多說。

◆ 自覺轉換聽者與說者的角色。

◆ 有效傾聽的重要性，展現在以下幾點：

◆ 可獲取重要的資訊。

◆ 可掩蓋自身弱點。

◆ 善聽才能善言。

◆ 能激發對方的談話欲。

◆ 能發現說服對方的關鍵。

◆ 可使你獲得友誼和信任。

2. 表達的技巧

在績效面談中，除了有效傾聽，還要善於運用各種表達技巧，如圖 6-3 所示。

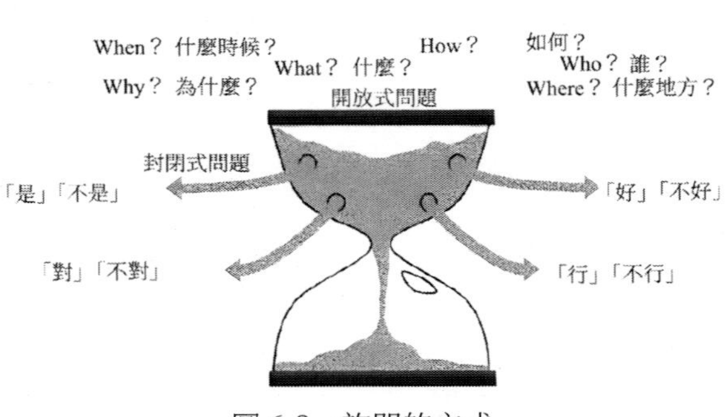

圖 6-3　詢問的方式

(1)多提一些開放性的問題

在績效面談中，業務領導應該多給員工一些表達的機會，少提可以用「是」、「不是」、「對」、「不對」回答的封閉式問題，而是盡量提開放式的問題。透過提問，可以得到員工對事情真正的觀點或如實的表述。

常見的開放式問題有：

◆「你覺得……怎麼樣？」

◆「你認為……如何？」

◆「你打算怎麼做？」

◆「你是如何評價自己這段時間的表現的？」

(2)適當地做出回應

在仔細傾聽對方的發言之後，以複述或自己的語言進行回饋，對講話者做出回應，這也是比較好的一種溝通技巧。為了能夠準確地回應他人的表達，就必須要真正傾聽，而不要只考慮自己打算說什麼。在很多情況下，做出適當的回應非常必要，因為透過適當的回應，可以向對方及時傳遞已經獲取的資訊。如果回應準確，對方會有興趣說下去；如果回應不準確，對方可以及時糾正，這樣反覆下去，最終會相互了解和理解。

有效的回應可以使人抓住主要的觀點，以便進行一次有邏輯的交談；回應可以推動他人進一步表達自己的觀點或者澄清一些問題。回應是避免爭議的好辦法，因為在不接受對方的建議時可以及時表達。

(3)學會問問題

在交流中提問是非常重要的一種獲取資訊的手段。透過有效的提問，可以讓對方在你所關心的某一方面拓展表達或進一步解釋。在績效面談中，當上級想聽員工表達自己對某事物的看法時，可以直接提問以獲取進一步的資訊。

常用的提問方式有以下幾個：

- 「你覺得你在……方面做得很好，那麼你能具體講講好在哪裡嗎？」
- 「你說你希望……，那麼具體需要我們做些什麼呢？」
- 「你覺得他們這樣做不合理，那麼你覺得應該怎麼做呢？」

有時候，好的問題比解決方案還有效。

(4)非語言溝通的奧妙

在績效面談中，除了傳遞語言訊息，同時也在傳遞非語言訊息。在非語言溝通中，要把握好手勢與姿態語。我們需要重視的不是手勢、姿態本身有多麼重大的意義，而是結合到具體的環境中，這些手勢和姿態表達了什麼樣的意義。體態語，在表達意思時有一些最基本的規則，如表 6-5 所示，但必須注意，單獨的體態語在很多時候毫無意義。

表 6-5　非語言訊息的意義

非言語訊息	典型意義
目光接觸	友好、真誠、自信、果斷
不做目光接觸	冷淡、緊張、害怕、說謊、缺乏安全感
搖頭	不贊同、不相信、震驚
打哈欠	厭倦
搔頭	迷惑不解、不相信
微笑	滿意、理解、鼓勵
咬嘴唇	緊張、害怕、焦慮
踮腳	緊張、不耐煩、自負

非言語訊息	典型意義
雙臂交叉在胸前	生氣、不同意、防衛、進攻
抬一下眉毛	懷疑、吃驚
瞇眼睛	不同意、反感、生氣
鼻孔張大	生氣、受挫
手抖	緊張、焦慮、恐懼
身體前傾	感興趣、注意
懶散地坐在椅子上	厭倦、放鬆
坐在椅子邊緣	焦慮、緊張、有理解力的
搖椅子	厭倦、自以為是、緊張
駝背坐著	缺乏安全感、消極
坐得筆直	自信、果斷

六、績效改進

績效面談之後要形成改進方案，在改進過程中，中高階主管要多檢查，避免不了了之的情況發生。

(一) 績效診斷

績效診斷箱是比較簡便易行的績效診斷工具。分析問題時，如果只是泛泛而談，那麼針對性不強，而一旦把分析的內容整合成一個工具，效果就會很好了。如圖 6-4 所示，績效診斷箱共包含四個方面的內容。

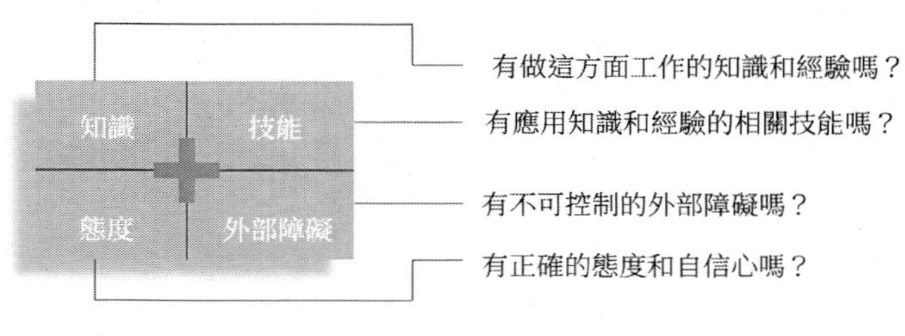

圖 6-4　績效診斷箱

1. 外部障礙分析角度

- 員工有沒有恰當的工具。
- 員工有沒有充足的資源和資訊。
- 員工是否承擔了過多的外部壓力。
- 工作標準是不是沒有明確。
- 有沒有做到及時地與員工進行溝通。
- 組織中有沒有建立標準化的操作程式。
- 是不是許多員工都存在同樣的績效問題。

2. 知識、技能分析角度

- 員工過去是不是圓滿地完成了工作任務。
- 員工有沒有為這項工作受到過專門的培訓。
- 員工是否經常要做這項任務。
- 員工是否能正確地完成這項工作。

3. 態度分析角度

- 員工對於職業發展規劃是否明確。
- 是否存在其他破壞員工工作的事情，例如公司或主管的鼓勵手段。

◆ 員工出色的績效表現是否會受到表揚。

◆ 員工出色的績效表現是否給其帶來負面後果。

◆ 績效表現差的員工是否也會獲得某種好處。

◆ 員工對他們的績效品質是否清楚。

一般來講：態度和外部障礙屬於管理問題，知識和技能屬於發展問題。

解決策略要領：

◆ 如果存在外部障礙，考核者應該首先在本人許可權範圍內，最大限度地排除障礙，或盡可能減少其影響。

◆ 如果存在態度問題，考核者必須先解決態度問題，再解決發展問題。態度有問題，一切預期變化都不可能發生。

注意事項：

◆ 不能用解決發展問題的方法來處理管理問題。

◆ 發展解決方法應以在職訓練和自我啟發為主，離職培訓為輔。

◆ 考核者應該在與被考核者的討論中，對解決方法達成共識，這樣他們才會全身心地投入。

案例

小王是公司的研發工程師，在公司工作 3 年了。由於公司最近幾年發展比較順利，小王的成長也比較快，研發總監決定晉升小王做研發主管，帶領一個 6 人團隊。

主管在與小王溝通的時候，小王表達出了幾點憂慮：自己是技術出身，一直很喜歡技術工作，也願意在技術方向上繼續發展，如果公司真的需要自己帶團隊，那麼服從公司安排。不過自己從工作到現在一直做技術工作，管理知識和技能不足，由於長期跟技術打交道，人際交流比較少，不太擅長跟人打交道；目前自己的專案工作比較多，雖然經常加班加點，也還是會出現專案延交的現象；由於內部溝通不暢，實際上也分不清目前的專案的輕重緩急；公司的新人目前普遍缺乏培訓，自己比較擔心影響他們的成長；公司的使用者普遍比較難纏，當了主管後自己將會直接面對他們，會有壓力；另外，公司目前處於高速發展期，如果自己脫離技術職位去做團隊管理工作，不知道將來會不會能有好的發展。

按照績效診斷箱的架構整理，如下圖 6-5 所示。

知識 √缺乏管理知識和經驗 √缺乏時間管理知識	技能 √缺乏管理技能 √缺乏商業談判技能 √分不出工作優先順序
態度 √喜歡技術工作，不願放棄 √考慮管理職位的不穩定性 √個人發展方向不明確	外部障礙 √工作負擔過重 √下屬員工培訓不夠 √外部使用者的壓力

圖 6-5　績效診斷箱例項

(二) 績效改進方案設計

1. 績效改進的四個原則

重審績效不足的方面。設計績效改進方案的時候，一定是針對員工表現較差的地方去改進，這需要中高階主管跟員工交代清楚績效不足的地方在哪裡，是什麼。不能想當然的就以為員工已經很清楚自己的問題了，最好是讓員工複述一下。

從員工願意改進之處著手改進。無論需要改進的地方是大還是小，都是需要員工踏實去做的，所以員工的意願就顯得尤為重要，可以在員工需要改進的地方入手，逐步實施改進方案，反正一口也吃不成一個大胖子。

從易出成效的方面開始改進。但凡改進，有進步有成果才會對員工有鼓勵作用，所以除了考慮輕重緩急的因素外，還要考慮從易出成效的方面入手，讓員工看到希望。

就所花的時間、精力和金錢而言，選擇最合適的方面進行改進。與改變價值觀相比，改變員工的態度會比較容易。

2. 制定績效改進方案時需要關注的四個點

意願：員工自己想改變的願望。

知識和技術：員工必須知道要做什麼，並知道應如何去做。

氣氛：員工必須在一種鼓勵改進的環境裡工作，而主管在營造這種工作氣氛中占主導。

獎勵：如果員工知道行為改變後會獲得獎賞，那麼他較易去改變行為。獎勵的方式可分為物質和精神兩方面：物質方面包括加薪、獎金或其他福利；精神方面則包括自我的滿足、表揚、加重責任、更多的自由與授權。

依據以上原則和基於績效診斷箱的結論，對於研發工程師小王的績效解決方案如圖 6-6 所示。

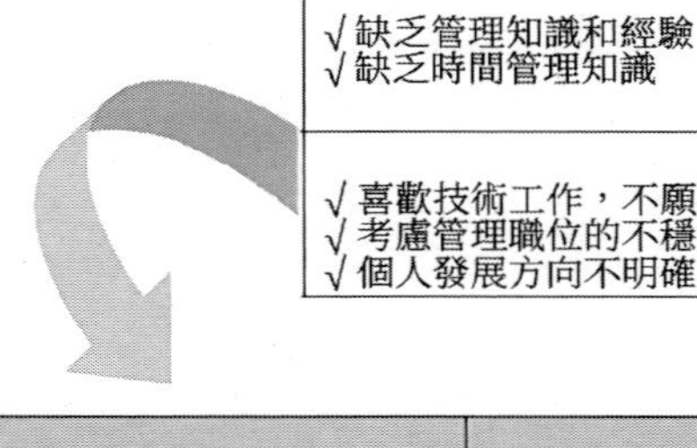

知識	技能
√缺乏管理知識和經驗 √缺乏時間管理知識	√缺乏管理技能 √缺乏商業談判技能 √分不出工作優先順序
態度	**外部障礙**
√喜歡技術工作，不願放棄 √考慮管理職位的不穩定性 √個人發展方向不明確	√工作負擔過重 √下屬員工訓練不夠 √外部使用者的壓力

知識	技能
▷安排適當的脫產訓練 ▷激發其自我啟發式學習	▷在職培訓：經常給予管理輔導和鼓勵 ▷增加其參加商業談判的機會
態度	**外部障礙**
▷明確責任劃分並選出重點 ▷分析工作要素，確立相互關係 ▷幫助了解個人潛力，分析職業發展方向	▷檢查、精簡、重新組合 ▷安排其下屬參加正式或非正式培訓 ▷管理者充當其與外界的緩衝器

圖 6-6　績效改進方案

職場感悟

——中層經理必須要對績效管理有清晰的了解，儘早提升。

一、被評估者的擔心和焦慮

績效評估常常引起被評估者的焦慮，這往往是由人的一些心理觀念決定的。例如，人們常常處於一種矛盾的狀態中，既想成為「第一」，又害怕由於傑出的績效而遭到打擊，俗話說「槍打出頭鳥」。人們也常常擔心一次不良的績效紀錄不僅會帶來懲罰，還會在主管心目中形成不好的印象，會影響主管對自己將來績效的評估，甚至影響個人的職業生涯。所以當績效評估開始時，員工往往心中充滿焦慮。

1. 由於矇在鼓裡而帶來的擔心

在很多企業的績效評估中，被評估者常常感到自己對工作的要求不會太清楚，並且也不知道衡量工作績效的標準，沒有機會了解到自己的工作結果，也沒有人與評估者溝通對其完成該項工作的期望。這讓被評估者感到自己是否能在績效評估中取得好的成績完全不是自己所能控制的，績效評估的標準是思索不定的，不知道自己做到什麼程度才算好。

2. 對批評或懲罰的焦慮

很多員工害怕評估，主要是因為擔心評估的後果。平常可能有些事情做得不能讓經理完全滿意，因此到了評估的時候就擔心主管人員會來個秋後算帳。如一些部門採用倒扣分的方式，卻沒有給出做得好的標準，而只給出做得不好的標準，這樣會使被評估者感到不愉快，並為結果感到焦慮。

3. 害怕自己的弱點暴露出來

即使沒有懲罰的後果，僅僅是評估本身也足以使被評估者感到焦慮。任何人都害怕自己的缺點或弱點被別人知道，而評估恰恰提供了這樣的機會。如果對評估的結果沒有相應的保密措施，使其散布的範圍過廣，就會給被評估者帶來不必要的傷害。

二、主管人員的錯誤認知和擔心

1. 認為這件事情沒有意義，是浪費時間

很多主管人員認為，績效評估的過程中，需要填寫很多的表格，是一種純粹的文書工作，對自己的管理工作沒有任何幫助，僅僅是浪費時

間。因此，在他們的心中，績效評估不是管理工作中必不可少的環節，而是一件多餘的事情。

2. 擔心由於這件事情會與員工發生衝突

主管人員往往對評估別人感到忐忑不安。在評估的過程中，難免有意見不一致的情況。對員工的評估有時會引發員工的爭論，或者評估結果引發員工之間的矛盾，這些都是某些主管人員不願看到的尷尬局面。當把績效評估看作是對員工的評判而不是對員工的幫助的時候，就很容易造成衝突，因而產生焦慮。

三、績效管理不是浪費時間

績效管理工作確實需要管理者付出一定的時間。對績效管理一個普遍的誤解是「事後」討論，目的是抓住那些犯過的錯誤和績效低下的問題。實際上這不是績效管理的核心。績效管理不是為了以反光鏡的形式發現不足，是為了防止問題的發生，找出通向成功的障礙，以免日後付出更大的代價。

這就意味著績效管理可以節省時間。因為當員工不知道做什麼、何時做、如何做好工作，以及應該清楚做某事而實際上並不清楚時，他們可能就會犯錯。一旦員工決策失誤，就等於放了一把需要主管人員介入的火。這些常常要花掉主管人員大量的時間去介入本來不需要處理的事務中去救火。

績效管理就是一種防止問題發生的時間投資，將保證管理者有時間去做自己應該做的事。

第 7 堂課

保留人 —— 職劃發展　留人留心

中高階主管做出的選擇人、要求人、輔導人、鼓勵人、評估人的所有動作的目的都是為了達成公司的目標。在這個過程中來培養員工，有的人成長得快，有的人成長得慢甚至不成長，所以中高階主管要基於績效評估的結果將員工分為「三六九等」。同時結合公司的人才培養機制和人才發展規劃，在人才盤點的基礎上，做好核心人才的保留、鼓勵和發展的方案、動作，避免出現核心員工流失現象。

當然，核心人才流失是不可能完全避免的，例如很多全球領先性公司也可能存在核心員工流失的情況。所以中高階主管一定要了解清楚核心員工離職的原因，有針對性地做核心員工的保留工作。當然，若績效評估連續兩年以上成績為 C 的員工，該淘汰就要淘汰，有的是淘汰 5%，有的是 10%，但總會有一定的淘汰率。

本節課講一講保留人。

本章節學習內容：

- 思考：核心人才是什麼
- 從人力資源規劃的角度看核心人才的保留
- 從績效評估的角度看核心人才的保留
- 探究人員離職的真正原因
- 留住核心員工需要建立機制和體制
- 企業案例：某集團公司的備份人才發展方案

一、思考：核心人才是什麼

保留人自然是保留核心的人才，保留工作能力和工作意願俱佳的優秀人才，保留工作業績、能力和潛力都靠前的人才，保留對企業策略目標有直接貢獻的職位上的優秀人才。所以首先要明確保留的人都是什麼人，然後制定有針對性的策略，這樣才會造成事半功倍的效果。

那什麼是核心人才呢？定義如下。

所謂核心人才，就是在企業發展過程中透過其高超的專業素養和優秀的專業經理人操守，為企業做出或者正在做出卓越貢獻的員工，因為他們的存在彌補了企業發展過程中的某些空缺或者不足。核心人才不僅具有企業人才的特點，還具有特殊性。核心人才具有比其他員工更強的競爭性，因此必須建立有利於人才彼此進行合作的創造性方式。彼得·杜拉克（Peter Ferdinand Drucker）說：「核心人才不能被有效管理，除非他們比組織內的任何其他人更知道他們的特殊性，否則他們根本沒用。」在企業中，往往是 20%的人才創造了 80%的效益。

人才日益成為左右企業策略實現的關鍵因素。人才尤其是高度敬業的核心人才，在企業策略實現中的作用與地位主要展現在以下幾個方面。

策略制定：企業策略制定的過程本身就對高級管理人才的資料收集能力、統籌分析能力和判斷決策能力提出了很高的要求。同時，既定策略得以長期而穩定存在的基石就是要有一個團結、敬業的領導團隊。

策略傳遞：策略的傳遞是指企業如何將公司策略有效傳達給企業每一位員工，讓員工理解並知道自己與企業策略實現之間的關係。這關係著策略能否真正得以執行以及最終執行的效果如何。在這個過程中，如果沒有高素養和高敬業度的中高層管理人員以及核心人員去不斷溝通、協調以及自我身體力行，任何策略都難以被員工們真正接受和理解。

策略執行：任何企業策略的執行都是一個充滿變數、風險和挑戰的過程，只有高度敬業的員工團隊才能始終對企業前景抱有堅定的信心並願意與企業共同進退、共同成長。

所以核心人才的保留工作非常重要！

二、從人力資源規劃的角度看核心人才的保留

從稀有性和策略性兩個項度對員工進行分類，如圖 7-1 所示。

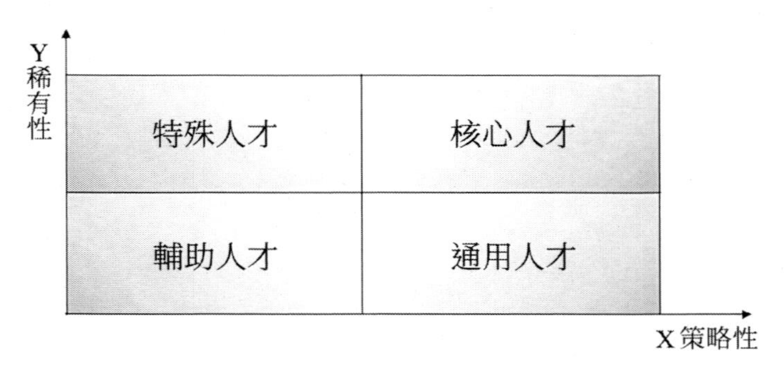

圖 7-1　員工分類

(一) 核心人才界定

1. 明確核心人才的定義和範疇人才按照稀有性和策略性兩個項度可以分成四類。輔助人員低稀有性，低策略性；核心人才高稀有性，高策略性；特殊人才高稀有性，低策略性，市場占比較少；通用人才低稀有性，高策略性。這四個項度的人才，在做企業人才規劃的時候，還是著

重於核心人才的規劃，他們才是企業的關鍵人員。核心人才，要盡量滿足他們的需求；輔助人才，如果企業規模較大的話，筆者建議外包；特殊人才，市場中的人數少，策略性不是很高，盡量把工作外包出去，建立合作關係；通用人才，如人力資源類員工、財務管理類員工、市場行銷類員工，這類人員可以進行合約制管理，簽合約就行了，有人員流動就去市場上應徵。唯獨核心人才必須得留住。

2. 企業核心人才盤點檢視企業所擁有的核心人才是否能夠滿足企業業務策略對核心人才的需求（數量差異、能力差異與結構欠缺），盤點一定要有重點。

3. 透過外部勞動力市場相應人才的稀有狀況，及內部人才提升速度和成長速度比較，確定核心人才隊伍未來的發展變化與業務的匹配情況例如，很多大型企業、集團型企業會分批次招一些學生幹部，把他們作為管理培訓生來培養。可能今年招的學員，五年後就是企業的核心人才了。而到了十年後，這些人基本上就是企業各部門總經理或者下屬公司的總經理了。

4. 核心人才總量、結構和提升的系統規劃這些人來了之後要做什麼？要培養。如果企業內部已有這樣的人員，要從動態上管控，即分析現有的人才，哪些是可以提升到這個層面上來的。

5. 核心人才隊伍建設策略規劃包括核心人才吸納規劃、核心人才培養規劃、核心人才保留規劃、核心人才鼓勵規劃。這就是我們常說的人才的選育留用。

圖 7-2 所示為一家股份制銀行的人員分類。

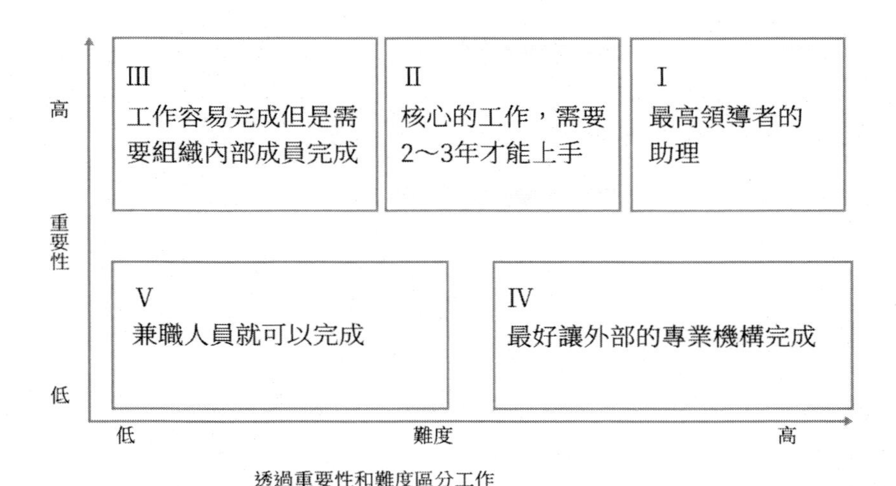

圖 7-2　某股份制銀行案例

在總量規劃的基礎上，根據重要性和工作難度將員工分為五類，進一步制定關鍵員工隊伍規劃。

- 第一類是最高領導者的助理，可能是行長的助理，工作很重要，工作難度大。對這類人員既要求有智商又要求有情商。
- 第二類是核心工作，需要兩三年才能掌握，說明這塊工作不是說拿就能拿起來的。
- 第三類是工作容易完成，但是需要組織內部人員完成。要求是企業人員來做，不能外包，比如企業裡不是很重要，但很保密的一些職位。
- 第四類工作重要性低、工作難度低，兼職人員或者外包就可以。
- 第五類工作較難，但重要性低，最好讓外部專業機構來完成。比如，人員的盤點或者人力資源的規劃諮詢等工作。

盤點的兩個項度

重要性：重要性是指該職位對實現企業的策略目標發揮重要作用，這意味著該職位的業績好壞對企業的目標和效益影響很大，在企業政策控制、程式執行中發揮關鍵作用。

難度。難度包括三個方面：第一，要求該職位的工作人員知識面寬，經驗豐富；第二，培養週期較長，例如專業人才、通用管理人才；第三，雖然不是重要職位，但是專業特殊，難以找到替代者。

通常，一個企業的關鍵人員的比例，企業高層管理核心人員約占 1%，關鍵人員約占 20%～25%。關鍵人員的效率是一般人員的 3～10 倍。

透過對該銀行策略目標、關鍵成功因素的理解，以及工作難度的判斷，以下幾類人才尤其需要關注，如圖 7-3 所示。

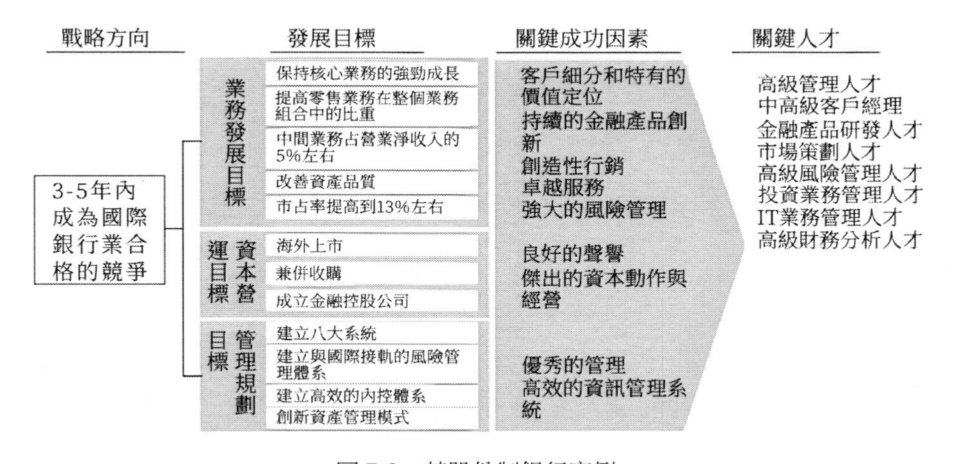

圖 7-3　某股份制銀行案例

(1)策略方向 3～5 年成為國際銀行業合格的競爭者。

(2)發展目標包括業務發展目標、資本營運目標和管理規劃目標三大類。

業務發展目標包括要保持核心業務的強勁增加、提高零售業務在整體業務組合中的比例、中間業務占營業淨收入的5%左右、改善資產品質、市場份額提高到13%左右。資本營運目標包括海外上市、兼併收購、成立金融控股公司。管理規劃目標包括建立八大系統、建立與國際接軌的風險管控體系、建立高效的內控體系、創新資產管理的模式。

(3)關鍵成功因素。業務發展目標要求客戶細分和特有的價值定位、持續的金融產品創新、創造性行銷、卓越服務和強大的風險管理。資本營運目標要求有良好的信譽、傑出的資本運作與經營。管理機制目標要求優秀的管理和高效的資訊管理系統。

(4)關鍵人才。基於策略方向、發展目標、關鍵成功因素分析，真正支撐企業發展策略的人才包括高級管理人才、中高級客戶經理、金融產品研發人才、市場策劃人才、高級風險管理人才、投資業務管理人才、IT 專案管理人才和高級財務分析人才。這些人才是企業需要的，關鍵人才職位就盤點出來了。

(二) 選育用留的政策

見圖 7-4，職類和職級為員工開啟職業通道。

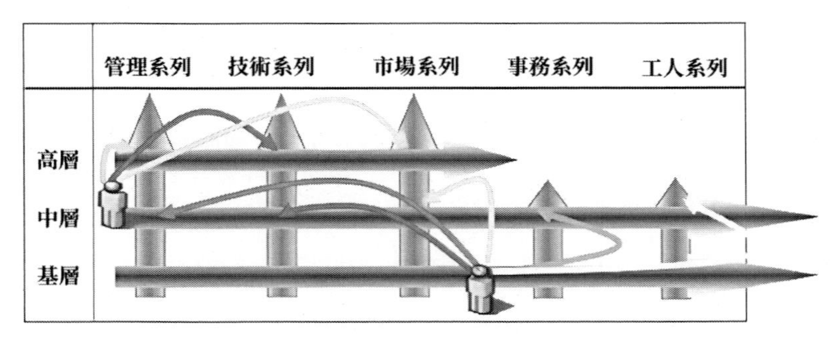

圖 7-4　選育用留的政策

將人員分等級後，之後就涉及人員培養。

舉一個簡單的例子，企業可以分為管理系列、技術系列、市場系列、事務系列和工人系列。員工分為基層、中層和高層。員工既可以向上走，也可以在幾個系列間流動，這就是職業通道。做出職類和職級的目的是開啟員工通道，讓員工在這個過程中得到提升，以及找到發展的方向。企業根據行業和企業的實際情況，擬定企業各職類、職級的人員的培養和發展策略，制定好年度的人力資源培養計劃，賦能員工即可。這些工作做到位，基於業績、能力和潛力去盤點現有人才，根據人才的需求，匹配合適的培育、鼓勵和保留政策，這樣在企業內部就做好了核心人才的保留工作。

如果企業沒有做這件事，員工會感覺企業總是在利用自己，而沒有培養自己。企業認同感、歸屬感會差很多。

見下文，滙豐銀行客戶經理管理及管理培訓生管理的培訓和發展工作分為四個階段。

- 第一個階段是熟悉個人銀行業務（新招的大學生）。在分行從事為期四個月的個人銀行業務：融入滙豐文化；了解如何高品質的服務客戶，分行如何運作；熟悉滙豐銀行的產品和分支機構網路。
- 第二階段是熟悉交易服務業務。在分行從事為期八個月的交易服務工作。
- 第三階段是熟悉信貸業務。熟悉信貸程式；了解如何建立和維護客戶關係；知曉如何進行風險評估。
- 第四階段是集中培訓。在成功完成前面三階段的工作後，將在英國的培訓中心進行為期七週的離職培訓；香港培訓中心將長期提供培訓，來為個人長期職業生涯的發展提供支持。

如果企業員工從入職開始就能做到有針對性的計畫工作安排和發展，規劃好路徑和套路，分層分級培養人員，經營員工的工作也就做到位了。

三、從績效評估的角度看核心人才的保留

績效評估結果可以驗證上下級在選擇人、要求人、輔導人和鼓勵人的各個環節工作實踐的成績高低和效果的好壞。

通常情況下，部門和員工考核成績分為 ABC 三級，或者 ABCD 四級，或者 ABCDE 五級都可以。我們在應用績效考核成績作為員工進一步發展的依據的時候，一般會用以下幾個工具。

（一）兩個模型

1. 九宮格模型

「九宮格」是書法中臨帖寫仿的一種界格，又叫「九方格」，由唐代書法家歐陽詢所創。在日常工作中，中高階主管要對下屬員工進行行為分層，做組織人才盤點，做九宮格圖。以績效等級（高中低）為橫座標和以能力等級（高中低）為縱座標，也可以顛倒，總之可以將員工分為九種，構成九宮格圖，如圖 7-5 所示。九宮格圖可以幫助中高階主管提高對人的敏感度，如果中高階主管對人的敏感度差，一定要有意識地透過績效管理和人才盤點來加以提升。

一般情況下，企業的規模、類型和發展階段不同，對於九宮格圖中的員工使用和培養方式也不太相同。但是無論哪家企業，對中堅力量和超級明星都是要有計畫地發展、鼓勵和保留的。

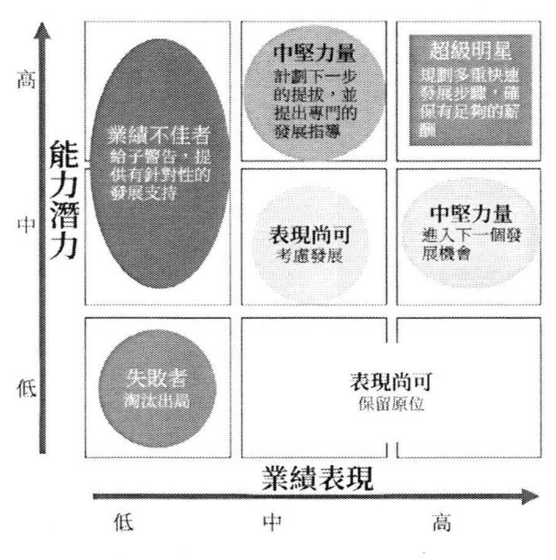

圖 7-5　九宮格模型

以下為某集團使用九宮格的範例（圖 7-6）。

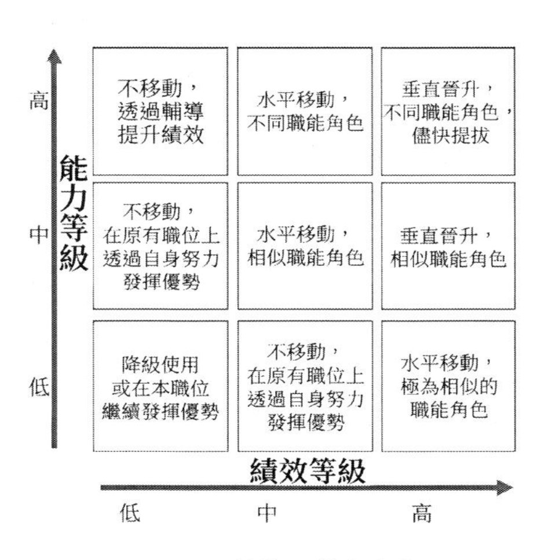

圖 7-6　某集團的九宮格

從以上九宮格圖中，可以很明顯地看出來企業在人才的使用和發展上的痕跡。

2. 麥肯錫 16 宮格模型

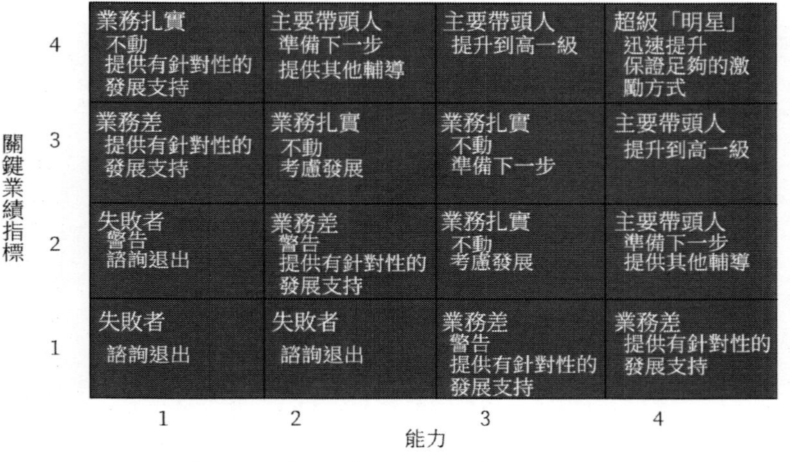

圖 7-7　業績 - 激勵表格（職業發展）

不同於九宮格圖，麥肯錫發明了 16 宮格圖（圖 7-7），把員工的分層、分類做得更細緻了。同時結合能力和業績把人才分了 16 類，要結合人才盤點去做。中高階主管務必要在下屬績效成績的基礎上，客觀地看待下屬的工作能力和工作潛力。一定要清楚下屬的工作能力開發了多少，或者開發到了什麼等級。

（二）從人才發展的角度看核心人才的保留

從中高階主管角度來看，輔導和鼓勵下屬是最有效的發展下屬的手段，對於很多企業來說，只有高管才有升職加薪的管道。所以作為上級的中高階主管應該儘早克服「教會徒弟餓死師父」的心理。透過日常的輔導和鼓勵，引導下屬更加高效地做好個人的策略。一個人只要有本事了，就不會擔心升職加薪的問題了，即使目前的公司不能兌現，其他公司也能幫助兌現。中高階主管可以參照公司的職業通道來有效地培育和發展下屬。具體的方式有以下簡單易行的幾種。

1. 企業的職務體系

見圖 7-8 企業職務體系。

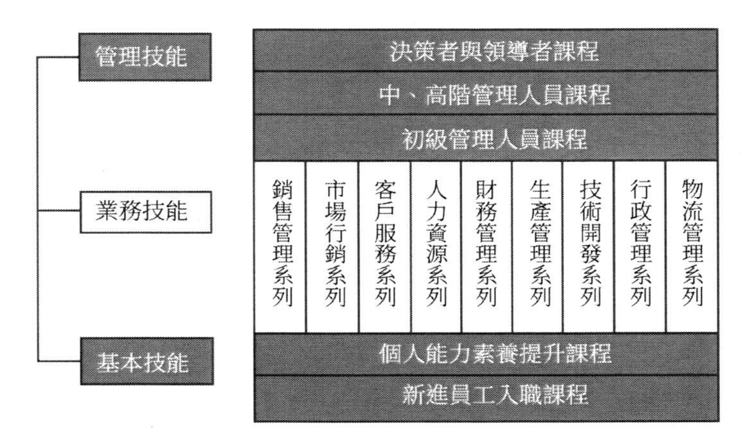

圖 7-8　企業職務體系

其中管理人員技能階梯如圖 7-9。

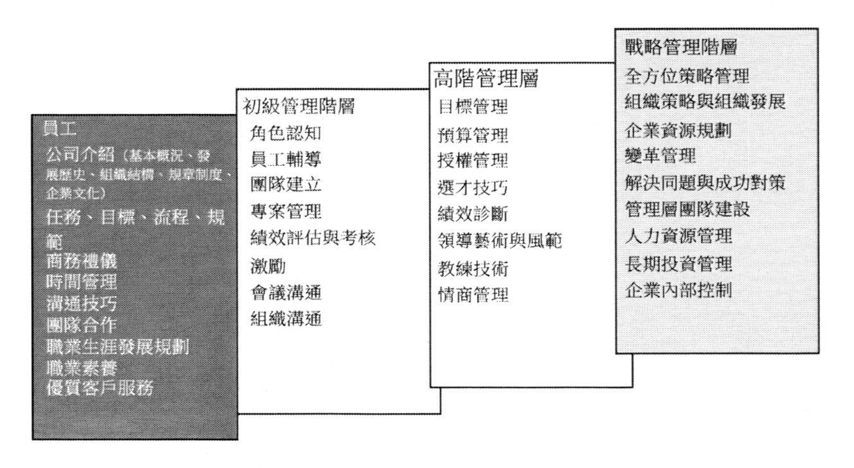

圖 7-9　管理人員技能階梯

2. 專業經理人的經典分級模型

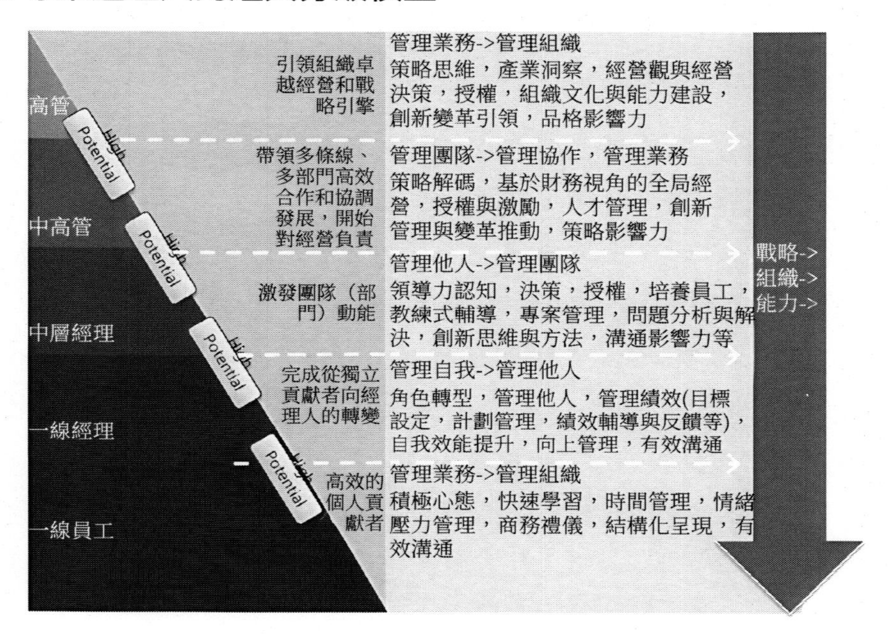

圖 7-10　專業經理人的經典分級模型

圖 7-10 是瑞姆．夏藍在 The Leadership Pipeline 中提出的專業經理人的經典分層分級模型。

模型中共劃分了五個等級：一線員工、一線經理、中層經理、中高管和高管。

一線員工是高效的個人貢獻者，他們的主要工作就是管理自我，把自己管好就行。包括積極的心態，快速學習，時間管理，情緒壓力管理，商務禮儀，結構化呈現和有效溝通，高效地完成本職工作並與同事、主管互動到位。

一線經理要完成從獨立貢獻者向經理人的轉變，從管理自我到管理他人的轉變。正常情況下，從員工到核心或一線經理的轉換過程是最難的，在這個過程中，50%的時間做業務，50%的時間管員工。包括角色轉型，管理他人，管理績效（目標設定、計畫管理、績效輔導與回饋），自我效能的提升，向上管理和有效溝通。

中層經理是管理一線經理的，一般是一級部門的大經理，負責激發團隊動能，從管理他人到管理團隊。包括領導力認知，決策，授權，培養員工，教練式輔導，專案管理，問題分析與解決，創新思維與方法，溝通影響力等。實際上領導力最核心的是影響力，由影響力產生跟隨。

中高管帶領多條線、多部門高效合作和協調發展，開始對經營負責，一般要管理事業部或一個單獨的業務單元，從管理團隊到管理合作和管理業務。包括策略解碼，基於財務視角的全域性經營，授權與鼓勵，人才管理，創新管理與變革推動，策略影響力。策略解碼是企業對策略目標做一個解碼，然後分到各個事業部或子公司，轉化成他們的具體目標。如果解碼完不成，策略目標就不能落地。在這個級別得具備老闆思維，不能只想著當下，而要考慮長期。

高管引領組織卓越營運和策略引擎，從管理業務到管理組織。包括策略思維，行業洞察，經營觀與經營決策，授權，組織文化與能力建設，創新變革引領，品格影響力。到了這個級別，老闆的人品往往決定了企業的個性。

所以企業可以按照這個邏輯規劃下屬的能力，也會比較簡單易行。當然，如果您的公司有更加規範的針對職位的勝任素養模型和任職資格的話，那就更好不過了。總之，中高階主管務必要清楚適合自己下屬的發展方向，同時結合企業的實際來發展員工，這才是最好的留人方式。

以上三種發展和保留人才的方式，有個基礎點就是在職人員的績效成績，同時集合個人的能力發展潛力。尤其是在公司規模不大的情況下，做人才發展的預算不多，管理手段不多，辨識人才不是很精準的情況下，就更需要基於績效成績來選拔需要發展的核心人才。

四、探究人員離職的真正原因

(一) 為什麼好不容易培養出來的好員工會走

培養一個核心員工需要大量的時間、精力和金錢的投入，很多中小型企業因為核心員工的離職而引發了動盪。所以企業對於核心員工離職要提前做好預警機制，探究人員離職的真正原因，及早防範。筆者根據現實的職場情境總結出核心員工離職主要的五大原因。

1. 直屬上司

有句話是：加入企業，因領導離開。這部分內容前面幾個章節都有敘述，在這裡不做過多解釋。

本書的架構也是按照中高階主管的人力資源責任（選擇人、要求人、輔導人、鼓勵人、評估人和保留人）的思路來構架的。目的就是給企業各級中高階主管賦能，讓大家真正讀懂、學會如何帶人，而不是全憑感覺領導人。

2. 工作環境

工作環境包括硬體環境和軟體環境。硬體環境主要指特殊的辦公環境，例如高溫、高熱、高汙染，收入高，工作一兩年直接影響身體健康的；軟體環境主要指企業文化，例如企業氛圍比較消極，待一兩年人就待頹廢了。

公司軟硬體環境的打造也是企業各級領導者務必要用心的事情，硬體條件不可能一步到位，可以慢慢來。但是作為企業文化的軟體環境，各級主管一定要用心，不能讓下屬處在「上班如上墳」的環境中。不成熟的主管實際就是一枚定時炸彈，要想管理好下屬，一定要先修煉好自己。

3. 職業發展

筆者做過不少離職面談的工作，面談過自己所服務的公司的員工，也面談過諮詢服務的公司的員工，對於知識、經驗和技能達到一定程度的比較資深的員工，離職的原因多為在公司短期內沒晉升機會。

4. 薪酬因素

例如，在一家企業待了五六年，從來沒有漲過薪資，而個人支出越來越高，只能被迫選擇離開。公司給予員工的薪酬，尤其是比較資深的核心員工的薪酬可以不是行業最高水準，但是一定不要讓他們跟朋友們談到自己的待遇的時候感到無法啟齒。公司 80%的業績是由 20%的優秀人員創造出來的，在薪酬鼓勵政策上要有傾向性，不能盲目地搞平均主義，那樣會讓公司走向平庸。畢竟優秀員工也需要優秀的待遇，新生代對於薪酬的重視程度比職場老員工可能還要大。

5. 個人原因

例如離家遠，公司沒有食堂，異地工作等，如圖 7-11 所示。

分層級

一般文職員工 生產操作性員工	專業人員、技術人員	經理、總監、高階管理人員
1.福利	1.發展技能的機會	1.薪酬
2.安全感	2.薪酬	2.福利
3.薪酬	3.福利	3.人員、企業文化類型
4.假期、有薪休假	4.獨立工作的空間	4.發展技能的機會
5.發展技能的機會	5.假期、有薪休假	5.晉升機會

分性別		分年齡	
男性	女性	50歲以上	30歲以下
1.薪酬	1.福利	1.福利	1.發展技能的機會
2.福利	2.發展技能的機會	2.薪酬	2.晉升機會
3.發展技能的機會	3.薪酬	3.獨立工作的空間	3.薪酬
4.晉升機會	4.假期、有薪休假	4.安全感	4.假期、有薪休假
5.獨立工作的空間	5.獨立工作的空間	5.發展技能的機會	5.人員、企業文化類型

圖 7-11　員工的職業價值觀

(二) 不當離職帶來的危害

不當離職的危害見圖 7-12 所示。

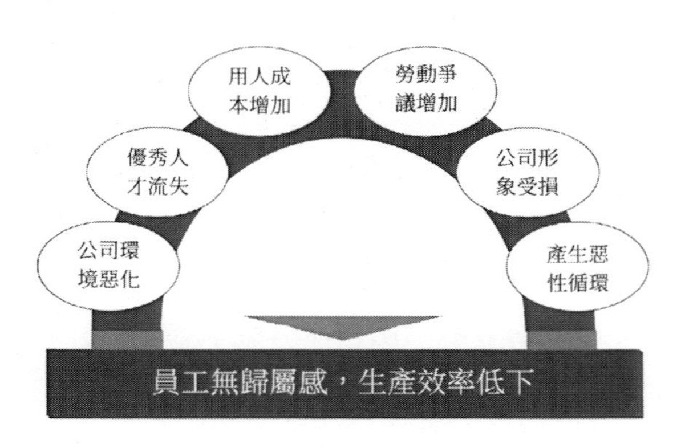

圖 7-12　不當離職的危害

有的時候企業薪酬水準較高，但員工經營沒做好，員工反而沒有安全感和歸屬感，但凡有合適的機會就會選擇離開。如果員工沒有歸屬感，一定會影響生產效率，導致效率低下。

公司環境惡化：公司內人人自危，想做事的人做不了，不想做事的人更不會做事。

優秀人才流失：企業本來就位於行業內相對靠後的位置，招人難，而好不容易招來個人培養一段時間就走了。

用人成本增加：一個核心員工離開後，需要花費大量的人力、物力招到補位的人，並且還不一定能夠留下來。

勞動爭議增加：一般來說員工歸屬感不好的公司，無論管理規範與否，都會有勞動爭議。只要發生一次勞動爭議，企業就會被列入黑名單，很可能次年會遇到稽查，非常麻煩。

公司形象受損，產生惡性循環：筆者曾經在一家外企工作，從事礦山相關的業務，有段時間招設計工程師，來應徵的都是來自同一家公司的員工，筆者一問得知這家公司效益不好，核心員工都在陸續離職。

如果企業呈現的情況是：好人留不住、「壞」人都不走、新人在做事，情況就比較嚴重了。所以企業既要做好主動的策略培養員工、留住員工，也要做好被動裁員的策略。

（三）員工離職徵兆

1. 頻繁請假：一般初級職位的員工會先請假，而中高級職位的員工可能不會請假而是頻繁外出。

2. 電話突然間增多且接聽神神祕祕：一般跳槽都是「騎驢找馬」，先找到下家再提出離職，所以員工會有很多面試的電話，而且每次打電話都是避開人接聽。

3. 發言風格發生改變：例如向來大大咧咧的人，突然變得不怎麼言語；或者原先辦事謹小慎微的人，現在突然變得很豪放。

4. 催促沒有報銷下來的錢：例如原先報銷半年沒下來都不會問，現在剛出差回來第一週就開始催促報銷的事。

5. 工作熱情明顯減少：從第四階段的員工迅速成為第二階段的員工。

6. 開始整理檔案和私人物品：例如辦公桌面越來越乾淨，總在整理檔案材料。

7. 座位上個人物品迅速減少：例如員工原本一直放在桌子上的花，突然有一天不在桌子上了。

8. 與同事私下交流次數增多。

中高階主管在部門一定要有信任的人，這樣有一些資訊會第一時間知道。有些中高階主管成天耀武揚威，部門中的員工要離職了，全公司的人都知道了，唯獨他不知道，直到上級問他「某某員工要離職了？」他才意識到，這就丟人了。

歸納來看，員工離職主要的幾個因素還是工作環境、職業發展和薪酬。在筆者看來最重要的原因還是職業發展做得不好，也就是公司沒有經營好員工。如果員工在 35 歲前能學到技能，一般不會輕易離職。就像在第一講仲介紹的企業管理雙通道，一是經營客戶，二是經營員工。所以中高階主管要了解企業人才培養的方法。

五、留住核心員工需要建立機制和體制

公司老闆、各級中高階主管和人力資源部門要協同配合，逐步建立適合本企業發展階段的核心人員保留機制和體系，並在工作實際中應用起來，才會逐步形成良將如潮的局面。

(一) 從策略的高度重視核心人才問題，樹立人才培養意識

企業每年都要基於策略規劃做人才規劃，樹立策略目標，培養策略支持部門、核心職位的規範意識。各級中高階主管要從策略的高度看待策略支撐職位人才的發展、保留和鼓勵的問題。要根據企業策略擴展、策略收縮、策略維穩的角度著手配備和發展關鍵職位的人才。盡量避免遇事拍腦袋做決策，出了問題拍大腿後悔的事情發生。

(二) 完善程式化溝通管道，建立人員流失預警機制

非核心員工的流失對企業的影響相對較小，核心員工流失對企業的影響相對較大，所以要建立核心員工流失預警機制。企業要建立核心人才庫，一旦庫中人才提出離職，要立即採用挽留策略，通常在 1 小時內做出挽留動作還有希望，超過 1 小時基本就保留無望了。

(三) 建立落地的企業文化，達到文化留人的目的

企業文化的建立要依據前面章節講到的企業文化模型，逐步打造企業全員認同的核心價值觀，即司品，規範員工的個人價值觀，即人品。建立在價值觀認同基礎上的企業文化，會讓大家有歸屬感和使命感。

當然，價值觀的認同需要一個過程，甚至會有反覆，也會有更新的情況。但最終要做的是始終如一的堅持。它需要引導、灌輸、示範和融入制度裡，繼而融入員工的思維和行動中。出色的企業文化所營造的人文環境，對員工的吸引力是其他東西所無法比擬的。企業文化要盡量避免流於形式，企業經營者應當建構一個具有吸引力和凝聚力的組織文

化，透過文化影響員工的工作意願和工作價值觀，吸引、保留和鼓勵優秀人才。

（四）建立企業內部人才規劃管理制度，利用制度吸引人才

要營造吸引人才、保留人才的良好環境，務必要實現企業的規範化管理。企業內部有章可循，能夠給員工安全感，才容易留人留心。首先，企業要根據發展策略制定明確的人才發展規劃，讓核心員工感到自己在企業有發展的機會，有助於提高核心員工的留任率。其次，要進行工作分析，明確各部門和職位的工作職責和任職條件，使核心員工了解自己提升和發展的方向。最後，建立客觀公正的人才配置機制，把合適的人放到合適的職位上，不能用人唯親，要用人所長，充分發揮員工的潛能。

（五）建立制度化的約束機制和長期的鼓勵機制，引導人才有序流動

透過制度文化來引導人才的有序流動。首先，建立規範的勞動用工制度，約束企業和中高階主管的行為，保證員工的合法權益。其次，建立長期鼓勵機制，鼓勵符合條件的管理人才和專業技術人才以資金和自身人力資本入股，員工和企業利益共享、風險共擔，有利於穩定隊伍。核心人才的中長期僱傭，不但有利於穩定人才隊伍，而且有助於人才專注於工作和研究，有利於技術成果的湧現和人才自身的成長，從而實現個人與企業的雙贏效果。最後，建立離職管理制度。從辭職申請、挽留程式、辭職審批、工作交接、離職面談、辦理離職手續上予以規範。

企業要建立多輪離職面談。例如，有一家非常有名的網際網路公司，建立了 7 輪離職面談制度，往往談到第 5 輪，員工就受不了了，直接說：「主管，我不走了。」這種手段可能相對極端，但是也有用。最好的離職面談機制是開誠布公地和員工談離職的真正原因，看能不能挽留，不能挽留就建立風險機制。一般面談涉及員工直屬上司、人力資源部門，如果是非常核心的員工，老闆也可以與其談一談，這樣做沒有壞處，既可以知道員工離職的原因，也可以了解員工離開公司後做什麼。

(六) 利用事業留住人才，做好經營員工的工作

影響核心人才敬業程度的最主要因素是職業發展機會。如果企業能了解員工的個人發展計畫，並盡量配合員工促其達成目標，就必然使員工產生成就感，沒有人會願意離開一個能不斷使自己獲得成功的組織。企業透過了解核心人才的任務完成情況、能力狀況、需求、願望，設身處地幫助他們分析現狀，設定未來發展的目標，制定實施計畫，使他們在為企業的發展做貢獻的過程中，實現個人的人生目標，用事業或職業發展機會留住他們。企業要幫助他們掌握各種知識與技能，提供實現個人專長發揮的機會，鋪設職業發展的階梯，使他們在了解自己所擁有的技能、興趣、價值取向的基礎上，在尊重他們個人意願的基礎上，盡量使其所長與公司發展所需一致，實現個人與公司雙贏。

如果企業人力資源部門沒有打通員工的職業生涯發展通道，也沒有教會業務部門主管如何為員工做職業生涯規劃，企業經營員工就是空話。而職業生涯規劃真正落地靠的是中高階主管的使用實踐，如果中高階主管不明白職業規劃是什麼，也不懂怎麼使用，此事基本上會做成兩層皮，培養下屬一定是空話了。

(七) 建立嚴格科學的考評體系，建構展現人才價值的動態的薪酬制度

核心員工一般都希望自己的能力能夠得到充分的發揮，自己的工作能夠得到企業的及時、準確評估和認可，以此獲得事業上的成就感和滿足感。因此企業應建立一套完整的員工績效評估體系，及時對核心員工的工作進行評價。該評估系統必須能夠對員工的工作給予客觀公正、全面準確的評價，讓員工及時了解自己的業績情況，從而極大地激發員工的工作熱情。薪酬鼓勵是企業吸引、留住人才的重要手段。首先，報酬分配應施行不同職位不同定價、以能力和業績為導向、業績薪酬與技能薪酬相結合的策略，充分展現出人才價值，在公平的基礎上，向核心員工傾斜。其次，企業的薪酬制度還要具有人力資本參與價值分配的功能，透過員工持股計畫、期權鼓勵等不同形式達到長期鼓勵核心人才的目的。

(八) 建立核心人才繼任機制

核心人才的繼任機制是為某些關鍵職位選拔、培養繼任人和接班人的機制。其目的是建立起繼任人選擇培養的流程化、標準化的制度。繼任機制的優越性在於建立穩定的核心人才梯隊，鼓勵核心人才的進步與競爭，培育企業繼續發展和應對市場競爭的核心能力。企業實施延續管理的思路是：透過知識延續評估，找出企業裡最不能流失的核心營運知識，即找出企業的核心競爭能力。首先，透過計算離職率、離退休人數以及職務設計，確定企業哪些職位需參與延續管理，評估出知識延續的程度。其次，制定獲得、轉移核心營運知識的方法，即建立組織內部知識庫。企業可以評估核心人才的流失對組織的關鍵知識傳承的影響，並了解繼任員工是否已掌握該關鍵知識，必須確保企業重要的關鍵知識傳給繼任者。換言之，

即使留不住優秀的員工，也一定要把這些關鍵知識留下來，而且企業應注意適時對這些關鍵知識進行創新，真正實現智力資本的掌控，降低核心員工流失的破壞性。圖 7-13 所示為某 500 強接班管理模式。

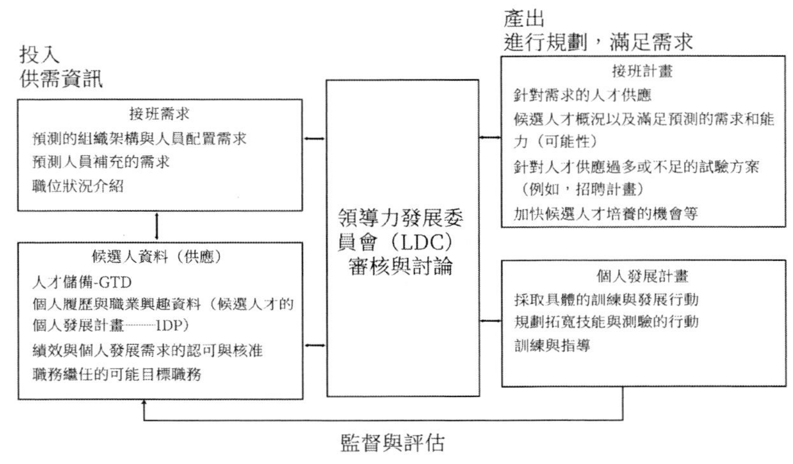

圖 7-13　某 500 強接班管理模式

（九）從應徵入手，把住源頭關

企業在應徵工作中一定要堅持人職匹配，人事相宜，做好應徵者的測評工作，既不進行人才低消費，也不實踐人才高消費，只有這樣才能保證所招募的人員是合乎企業需要的「合適人才」，企業後續的留才策略才能對其行之有效。

（十）讓離職人才敢吃回頭草

在人才競爭日趨激烈的今天，得人才者得天下，讓離職人才再次回到企業重操舊業，不僅可以給企業的人才競爭力增色不少，更可以帶來諸多益處。

- 節省人力成本。
- 在員工心目中樹立企業以人為本，寬容大度的形象。
- 增強企業的向心力和凝聚力，尤其是對那些「吃回頭草」的人來說，他們將會更加珍惜現有的工作機會，為企業的發展鞠躬盡瘁。
- 對內部人才也可以造成一個很好的警示作用，告誡他們，外面的世界很精彩，外面的世界也很無奈。

(十一) 提升各級主管的人員管理能力

主管是跟員工直接打交道的人，日常溝通都是在員工和主管之間展開，所以主管的管理能力直接影響到員工對企業的認同度。中高階主管務必要把自己當作企業的主人看待，認真地培養下屬。

1. 任務與督導技巧

主管既要將任務分配給下屬，又要做好回饋和跟催。

2. 員工輔導

員工最需要的還是領導的輔導。

3. 團隊士氣提升，關懷員工

鼓勵員工成長，在員工表現好的時候要及時表揚。

4. 有效鼓勵

讓員工感受到來公司上班是有價值的。

5. 主動溝通

透過日常的輔導和鼓勵動作，以及走動管理，及時發現員工的工作問題和情緒問題，即時溝通處理。不要等到問題累積大了再去處理，那樣成本太高。

企業應加強內部溝通機制，建立和健全、改善鼓勵機制，建立鼓勵選單，注重員工的個人策略，建立人才地圖，加強對員工和主管的培訓。中高階主管應有容人的胸懷、尊重和採納合理化建議、授權和共享權力、培養資深員工、做好教練工作、強化輔導和培訓、弱化剛性的績效考核、善用彈性管理以及關懷管理。

六、企業案例：某集團公司的備份人才發展方案

該案例是筆者曾經工作過的一家集團公司的備份人才發展的案例。

本節後面的附件是備份幹部管理辦法，可以搭配著來學習。

(一) ×× 集團學習地圖

如圖 7-14 為 ×× 集團的學習地圖。

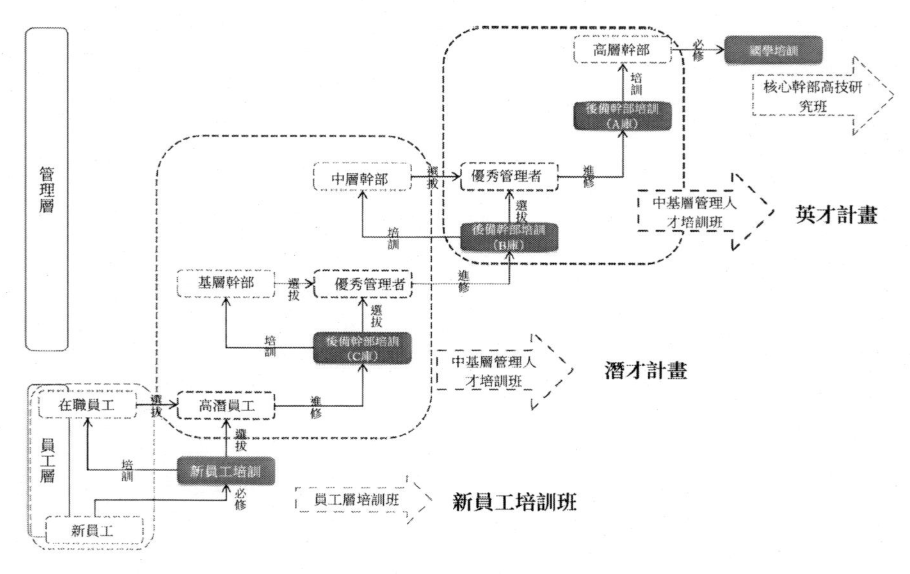

圖 7-14　學習地圖

（二）年度培訓計畫

1. 核心員工培訓班 —— 潛才計畫

【專案名稱】「潛才計畫」培訓班

【培訓對象】集團總部各部門處級、副處級幹部，各部門推薦的核心員工（備份處長）。共有 78 人。

【培訓目標】透過對各部門推薦的核心員工及副處級幹部的培訓，形成處級幹部的備份人選，同時為現有處級幹部進行管理技能普及及提升。

【培訓內容】

八項基本管理技能（3 天 2 夜）：計劃、行動和檢查、充分授權、有效指導、制定績效期望、傳達極小期望、有效溝通、培訓員工、室內沙盤。

◆ MTP 管理培訓（3 天 2 夜）：管理基本認知、自我管理、工作管理、人員管理、領導能力提升、室內沙盤。

【培訓時間】　年　月

2. 後備管理人才培訓班 —— 英才計畫

【專案名稱】「英才計畫」培訓班

【培訓對象】集團總部各部門總經理、副總經理及部門推薦的優秀處級幹部。共有 47 人。

【培訓目標】透過對優秀處級幹部及副總級幹部的培訓，形成總經理級幹部及外派幹部的備份人選，同時為現有總經理級幹部進行領導力提升。

【培訓內容】

卓越領導力（2 天 1 夜）：領導力概念、動員群眾、解決難題、自我修煉。

【培訓時間】　年　月

（三）×× 集團管理人才培養流程圖

如圖 7-16 為 ×× 集團管理人才培養流程圖。

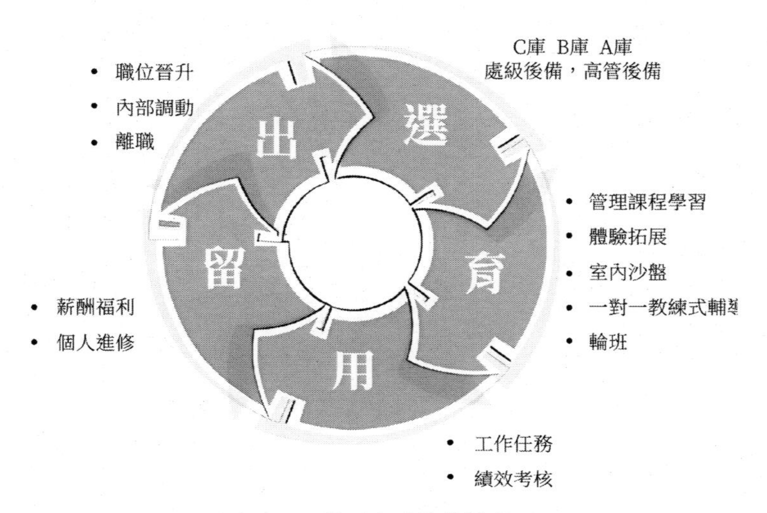

圖 7-16　管理人才培養流程圖

(四) ×× 集團管理人才培養體系分工表

如圖 7-17 為 ×× 集團管理人才培養體系分工表。

	用人部門	應徵調配處	培訓開發處	績效管理處
選	推薦	人才測評	選訓、培訓調研、訪談	出具績效
育	工作任務、導師輔導		培訓課程	
用	部門內輪訓	調配制度	追蹤評估	考察
出	提出	調配	培養報告	考核

圖 7-17　人才培養體系分工表

職場感悟

——35 歲到 55 歲是中年危機期，四個故事講述中年人的不容易和對策。

一、到了 30 歲，對自己的工作不滿意，敢不敢辭職創業？

如果真有想法，那就去試試，反正還年輕。不要等到了 40 多歲，找工作都沒人要了再去辭職創業。

30 歲，對自己的工作還不滿意，不知道你是對工作性質不滿意，還是對個人收入不滿意呢？

如果是對工作性質不滿意，為什麼不早一點轉行呢？這樣拖了這麼多年是為了什麼呢？膽量不夠嗎？還是個人過於拖延？如果你不是一個果斷的人，我建議不要辭職了，將來你一定會後悔，你還會埋怨是別人建議你辭職的。

如果是對收入不滿意，那麼要看一下個人的貢獻是不是配得上個人的投入呢？很多人整天消極怠工，還對個人收入不滿意，也沒什麼本事，到了 35 歲，如果個人的能力和職位還不行的話，很有可能會被公司開除。

所以，創不創業不是重點，而是個人有沒有能力創業？依託什麼創業？

二、39 歲的女人有兩個工作可選，一個是月薪五萬元離家近，另一個是月薪十萬元離家遠，照顧不到孩子，該怎麼選？

我認為這要看你的家庭對你的工作要求了。

我有個朋友，職業講師，孩子小，老公賦閒在家。如果讓她做以上的兩個選擇，她肯定選擇月薪十萬元的，因為家裡缺錢啊，能多賺點奶粉錢，她一定會賺的。她現在每年在全國各地講課，沒有想過找個穩定的公司上班，因為家裡需要錢，老人也需要贍養。

如果你的家境比較好，不缺錢，你只是需要有個地方工作，那麼最好是選擇月薪五萬元離家近的工作，如果家裡很缺錢，那就選擇月薪十萬元離家遠的。相比較照顧孩子，生存可能是第一選擇。

三、假如你現在 40 歲，公司讓你提前退休，你願意嗎？

這個有什麼願意不願意的呢？

如果你有本事，可以在 40 歲退休，退休之後一方面可以拿到一定的退休金，另一方面可以根據自己的實際情況去創業，或者再去尋覓一份自由職業也是很不錯的。現在很多「斜槓青年」，都是在 40 歲之前走向自由職業的。他們一方面需要自己繳納養老保險，另一方面憑藉個人知識和能力爭取不菲的勞務收入，貌似沒什麼不好的。如果你具備了做自由職業的能力，而公司讓你提前退休，當然可以啊，一方面公司會給你一部分退休補償，另一方面也會給你繳納社保或者支付退休金。

如果你沒本事，提前退休的話，就會非常的慘。一方面收入會大幅度下降，另一方面生活的其他需求也會很難達成。另外上有老下有小，到處都需要錢，那會把人愁壞的。

所以，你現在 40 歲，公司讓你提前退休，你願意與不願意是有條件的，就是你自己有沒有本事。

四、如果年齡過 50，年資滿 30 年就可申請退休，你覺得如何？

這個話題看著挺有誘導性的。我老家有個小學同學，做的是財務工作，可是她非常不喜歡那份工作，於是就在 45 歲的時候透過各種關係辦理了內退手續。上次回家，他哥哥跟我閒聊的時候說起她的事情，據說生活非常的愜意。她平時在家帶孫子，沒事去遛遛彎，爬爬山，貌似開始了人生的高光時刻。

所以，這個問題我感覺應該分成兩類來看。

(一) 像我同學那樣，不喜歡當下的工作

如果是這樣的話，在公司工作的時間就是折磨，上班如「上墳」，非常消磨人。如果有這樣的機會，最好還是積極申請早點退休。退休後可以去享受生活，爬爬山、跳跳舞、旅旅遊、唱唱歌、彈彈琴，都可以的。如果個人還有非常感興趣的工作，也可以適當嘗試一下，說不定可以迎來人生的第二個巔峰呢？

(二) 有些人因為各種原因，不太願意提前退休

這樣的情況也是有的，比如家裡經濟情況比較糟糕，非常需要有一個人工作賺錢來養家。這樣的人，一般情況下，即使工作的時候不順心，也能忍下來。

還有一類人是公司大領導，比如有一家 3,000 人的公司的董事長，已經 70 多歲了，也沒想著從一把手的位置上退下來。有朋友問他怎麼還不交接班？他說工作是他保持青春的祕籍，想著每天可以對 3,000 人發號施令，心裡就美滋滋的。

還有一類是公務員群體，如果職位很高，提前退休對於他們來講就是政治生命的終結，會有很大一部分人不願意在職位上退下來，有些人即使年齡到了，也會努力爭取延遲退休幾年。

(三)建議

具體到不同的人員會有不同的處理方式。每個人要根據自己的能力、精力、體力和經驗，以及客觀環境來判斷到底是堅持到底，還是急流勇退。這個沒什麼好的建議，有的時候個人和工作的環境都很有利，可是如果大的外部環境發生了劇烈變化，也要臨時做出決策。

第 8 堂課
人力資源管理的幾個可靠的邏輯

企業的成功除了企業發展跟上了時代的大勢之外，最大的助力是有力的領導者和強而有力的人才梯隊建設。閱讀人力資源管理大師戴夫．尤瑞奇（Dave Ulrich）和瑞姆．夏藍（Ram Charan）的著作也會發現，人力資源管理尤其是企業的經理人隊伍的建設，是企業領導者最優先考慮的事情。

要想知其所以然，先要知其然，本章節介紹幾個人力資源模型給中高階主管。

本章節學習內容：

- 人力資源的邏輯模型
- 人力資源的管理模型
- 三種企業管控模式
- 三種人力資源管控模式

一、人力資源的邏輯模型

做生意要有商業模型，做業務要有業務模型，做企業要有經營模型，做人力資源也要建構幾個務實的人力資源模型。人力資源工作屬於職能模組的工作，想要出彩的話，人力資源經理人頭腦中一定要有經營的意識，努力經營好公司的人力資源工作，而不僅僅是做好人事工作。

企業的經營大體上可以分為兩條線：經營好客戶能帶來比較好的經濟收益；透過人才發展體系的建構來培養員工和經營人才，使員工能夠心甘情願地服務企業的客戶，必然會提高客戶的忠誠度，企業經營的經濟性目標反而成了副產品。

筆者依據經營人才的理念設計了以下人力資源邏輯模型，如圖 8-1 所示。

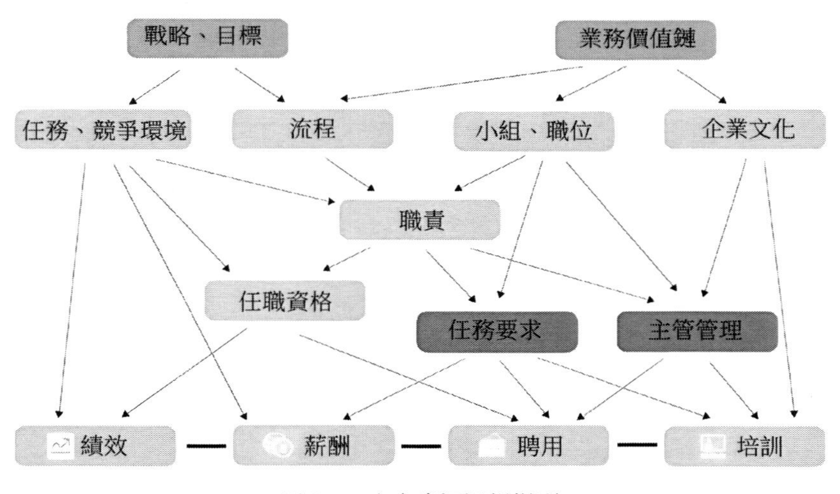

圖 8-1　人力資源邏輯模型

上述邏輯模型中，最下方是人力資源的四個核心模組：績效、薪酬、聘用和培訓。除此之外，人力資源工作還包含任職資格、幹部管理、企業文化、員工關係、職位管理、人力資源規劃、組織發展等。這些都是人力資源管理的核心內容。從這個模型可以看到，人力資源所有的工作都是從模型最上面的兩個模組衍生出來的，即企業策略目標和業務價值鏈，這是人力資源工作的源頭。

企業人力資源所有模組的工作，究其源頭一定是業務，是從企業的業務目標需要衍生出來的。如果企業人力資源管理的工作與企業的策略目標、業務價值鏈不一致，一定是違背企業經營初衷的。所以說，在做團隊人力資源管理的時候，一定要先判斷如下幾個問題。

- 企業基本狀況怎麼樣？
- 企業處於生命週期的哪個階段？
- 企業的策略目標是什麼？
- 企業當下主要工作目標有哪些？
- 企業業務價值鏈是怎麼展開的？

這樣在帶領團隊的時候，才會有的放矢。

在企業發展的不同階段，人力資源工作的側重點也不盡相同。

企業在創業初期，最主要的人力資源工作就是業務模型的設計，明晰業務模型之後，還需要界定業務目標。業務模型和業務目標清晰之後，第二項工作是人員梯隊的搭建，創業初期主要是業務團隊和技術團隊的搭建，不需要搭建很大的職能團隊。然後把人和資源集中投入到目標業務中，開疆闢土。所以創業初期企業人力資源的主要工作是人員應徵和新員工的培訓，迅速地為企業的發展招募到質優價廉的人才以及策略型人才，同時培養新人，使其快速適應企業中的角色，發揮價值。

企業在發展穩定期，企業業務和人員相對比較穩定，最主要的人力資源工作是薪酬鼓勵、績效鼓勵、人才的保留和培養、企業文化建設。這個階段企業業務成熟，流程規範，薪酬在同行中一般是跟隨型，不占優勢，所以人員的鼓勵和人才梯隊的搭建顯得尤為重要，要為企業以後的發展保留和培養足夠的人才。

當企業進入衰退期後，最主要的人力資源工作是配合企業業務轉型和退出，做好裁員和穩定工作。這個階段企業的大方嚮應該是培育新的增加點和策略轉移，原有的業務如果不能創新就需要逐步退出經營、維持穩定或者整體出售給其他企業。

那價值鏈是什麼呢？如圖 8-2 所示，這是一個基本的價值鏈範例。

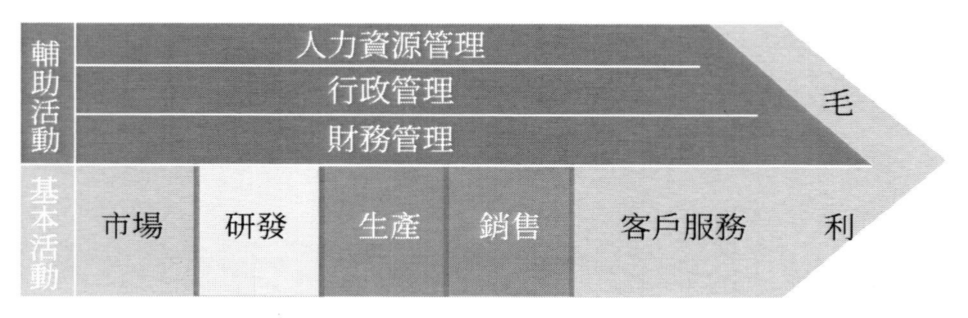

圖 8-2　一般價值鏈範例圖

從圖中可以看到，價值鏈的基本活動包括市場、研發、生產、銷售和客戶服務。

(一) 市場環節

企業要透過市場活動，找到市場裡有哪些需求 (產品和服務)。因為企業存在的核心目的是透過分工和合作，提高生產效率，為客戶提供更多更好的產品和服務，所以說市場需求分析是價值鏈分析的首要工作。

(二)產品研發環節

企業發現市場需求後，企業內部要判斷能不能研發出合適的產品和服務來滿足客戶的需求，企業的技術部門或者研發部門要做可行性分析，從技術上和經濟上判斷產品和服務的可行性，然後做定製性開發。

(三)產品生產或服務提供環節

企業產品研發出來了，能不能生產出來？如果不能生產出來，怎麼辦？當然，現在網際網路企業的價值鏈不再是直線型的，很多是彎的，企業自己不能生產產品也不再是問題了。他們可以把生產外包出去，只要做好供應鏈的管理即可。這一點蘋果公司做得非常好。合格供應商管理已成為關鍵能力。

(四)銷售環節

產品生產出來之後，如果不能銷售出去，實際上就變成了庫存，成為沉沒成本，對企業是非常不利的。有市場需求，說明有使用者，但不一定是你的客戶，網際網路企業的客戶和使用者的價值差異是比較明顯的，如果不能把使用者轉化成你的客戶，生產得越多問題就越大，所以銷售環節很重要。

(五)客戶服務環節

透過前面四個環節，產品到達客戶了，再透過技術服務和客戶服務，讓客戶滿意，達到重複銷售的目的。

以上是企業價值鏈的基本活動。一般企業做策略規劃時，都會從這幾個方面去考慮，確定年度計畫時，也會從這幾個方面去設計。但是，當策略或者年度計畫在企業實際經營過程中展開後，我們會發現有遺漏。

- 在哪裡生產？涉及廠房或者設備，屬於行政管理。
- 誰來生產？屬於人力資源管理。
- 用多少錢來生產研發？屬於財務管理。
- 公司的業務流程順不順？屬於資訊化管理。

這些在價值鏈上屬於輔助活動，將主要活動和輔助活動相結合，推匯出的結果就是毛利，這就是價值鏈。

中高階主管一定要明白：人力資源的工作要來自業務，要為業務服務，所以再幫人力資源部門安排工作的時候，一定要看一下是否與業務發展相匹配。

二、人力資源的管理模型

人力資源的邏輯模型講述的是人力資源職能工作和企業業務經營的內在關係，即企業人力資源工作源於企業業務的需求。而人力資源管理模型著重介紹由業務目標到人力資源的諸多模組的內在關聯。

筆者給出的模型如圖 8-3 所示。

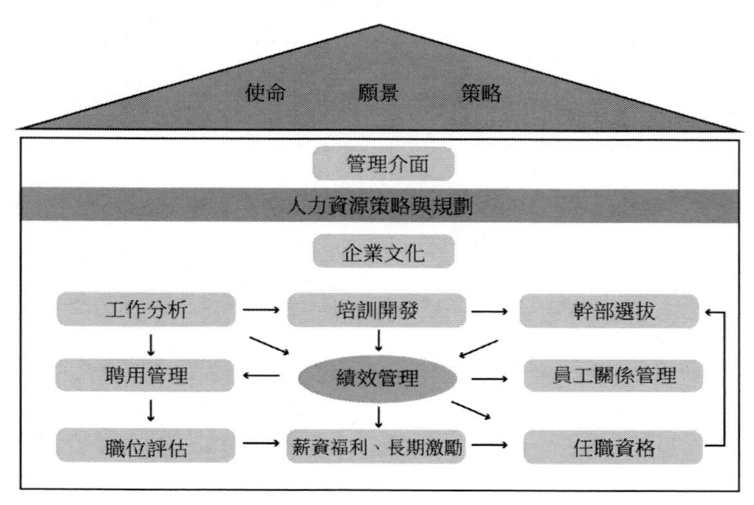

圖 8-3 人力資源管理模型

這個模型分屋頂和房間兩個部分。屋頂是企業使命、願景和策略。中間用管理介面切分了一下，房間是人力資源的相關職能模組。

(一) 使命

企業經營的源頭是使命，人力資源工作的源頭也是企業的使命。什麼是使命呢？使命就是企業為什麼存在的理由，使命是外部驅動的，即外部看這個企業是做什麼的。企業的使命是在不斷進化的，在企業規模很小的時候，使命只有一個，就是賺錢，先讓自己活命。當企業發展壯大了，尤其是人員超過了 100 人，銷售額在一個億的時候，企業的使命就已經細化了，變成企業今後較長一段時間內所要追求的價值了。

- 麥肯錫（McKinsey & Company）：幫助傑出的公司和政府更為成功。
- 沃爾瑪（Walmart Inc）：給普通百姓提供機會，使他們能買到與富人一樣的東西。

◆ 英特爾（Intel Corporation）：成為全球網際網路經濟最重要的關鍵元件供應商，包括在客戶端成為個人電腦、移動計算設備的傑出晶片和平臺供應商；在伺服器、網路通訊和服務及解決方案等方面提供領先的關鍵元件解決方案。

◆ 百事可樂（Pepsi）：立志成為世界首屈一指的、主營方便食品和飲料的消費品公司。在為我們的員工、業務夥伴及業務所在地提供發展和創收機會的同時，也努力為投資者提供良性的投資報酬。所有經營活動遵循誠信、公開、公平的原則。

◆ 西門子（SIEMENS AG）：為消費者和股東創造價值。

（二）願景

願景是企業在使命的引領下所要達到的美好情境，即企業將來發展成什麼樣子。說白了就是老闆經常畫給大家的那張「藍圖」，例如將來我們要上市，我們要普惠每個員工，幫每人配房配車，或者為員工的生活帶來的某些便利。願景是企業內部驅動的，是企業為了達到外部客戶期望，需要做什麼，做到什麼程度。比如以下企業的願景。

◆ 西門子：成為行業標竿。

◆ 聯合利華（Unilever）：每一天，我們都致力於創造更美好的未來，我們的優質產品和服務，使人心情愉悅，神采煥發，享受更加完美的生活。我們將激發人們：透過每天細微的行動，積少成多而改變世界。我們要開創新的模式，在將公司規模擴大一倍的同時減少我們對環境的不利影響。我們深信，能夠帶領旗下的眾多品牌改善人們的生活，同時履行社會責任。

- 我們要建立成功的、可持續的企業，也要意識到，諸如氣候問題等全球面臨的挑戰也和企業息息相關。我們必須時刻考慮自身對環境產生的影響，這一點應深深植根於我們的根本理念中，也反映在企業的全球願景中。
- 百事公司：在環境、社會、經濟等各個方面不斷改善周圍的世界，創造更加美好的未來。
- 百事公司的可持續發展願景是「百事公司的承諾」的基礎。它表達了我們的基本信念：只有對社會有益的行為才是企業正當的行為，這涉及整個世界的繁榮興旺，以及公司自身的健康發展。
- 英特爾公司：超越未來。英特爾公司的工作是發現並推動技術、教育、文化、社會責任、製造業及更多領域的下一次飛躍，從而不斷地與客戶、合作夥伴、消費者和企業共同攜手，實現精彩飛躍。英特爾公司將推進技術更迅速、更智慧、更經濟地向前發展，同時終端使用者能夠以前所未有的精彩方式應用技術成果，從而令其生活變得更愜意、更多彩、更便捷。

（三）策略

策略是企業達成願景的路徑。一般情況下，企業的策略週期有 3 年、5 年或者 10 年，時間跨度視企業的管理偏好。一般企業 10 年的策略都是不太可靠的。一般管理能力好一些的企業能做好 3 年的策略規劃，並逐年滾動發展是比較好的。策略是組織能力和 KPI 驅動的。當然，企業策略的優劣也決定了企業人力資源規劃的優劣。有家企業的董事長提到關於決定企業策略優劣的四大問題。

◆ 策略有沒有？你有策略嗎？如果有，你能用一句話說清楚公司的策略嗎？這是計劃視角要解決的核心策略問題。

◆ 策略好不好？你所擁有的策略是個好策略嗎？策略不僅有高下之分，還有好壞之分。這是定位視角要解決的核心策略問題。

◆ 策略實不實？策略不能務虛，任何策略都需要充分的資源和扎實的能力作為策略落地的基石，這是能力視角要解決的核心策略命題。

◆ 策略快不快？天下武功，唯快不破。在劇變時代，你不僅需要科學規劃策略，更需要加速進化策略。這是學習視角要解決的核心策略命題。

所以人力資源職能策略的「有、好、實、快」也取決公司策略規劃能力。

(四) 管理介面

屋頂和房間的中間是管理的介面。一般企業發展到一定規模之後，管理者就會對管理介面這個詞熟悉起來。尤其是建立分支機構之後，隨著分公司和子公司的跨區域建設，管理介面的概念和應用就會浮出水面。管理介面的內涵包括：總部有哪些權力，分支機構有哪些權力，總部部門有哪些權力，分部部門有哪些權力。管理介面的劃分就是對總部的權力和分部的權力的界定，這就意味著：如果企業總部權力大，那麼總部聘用的人員的能力要強，並且編制要多，相應的分支機構的編制和人員會少一些、能力低一些；而如果分支機構權力大，那麼分支機構聘用的人員能力要強一些，編制也要多一些。

所以管理介面的確定，實際上就是權力的劃分，然後基於此去做人力資源策略和規劃，即人力資源規劃 (HRP)。

(五) 工作分析

企業策略目標和年度計畫目標確定完畢之後，公司的各級經理需要研究以下四個內容。

第一步，研究本公司需要多少個業務線，多少個一級部門，多少個二級部門和多少個職位，每個部門和職位需要具備什麼樣的職能才能支撐公司的策略目標和年度目標。

第二步，研究各部門、各職位需要配備多少人員，才能把工作目標達成，這步是配置的工作。

第三步，盤點一下公司現有人員，哪些人員需要晉升？哪些人員需要技能提升培訓？哪些人員需要裁掉？確定公司人員缺口，並制定應徵和培養計畫。這步是人才盤點工作。

第四步，研究為了保留、鼓勵和發展現有人員，以及擬應徵人員，應該制定哪些人力資源的政策。

(六) 聘用管理

應徵包括內部應徵和外部應徵，基於工作分析的結果，人力資源部門配合業務部門做好員工的甄選工作。只有合格的人員入職之後，企業的正常經營才能開展，沒有人，一切的規劃和計畫都是空談。

(七) 薪酬管理

在做完工作分析的基礎上，確立了組織架構、部門職責和職位說明書之後，要做職位的評估。

職位評估是要評估各職位在公司內部價值貢獻上都處於什麼樣的水準。根據價值貢獻把企業內的職位等級劃分出來，同時結合企業的職系和職位等級（職位等級），把職位等級按管理、研發、行銷、設計、生產等劃分出來，形成薪酬的結構，再結合薪酬調查、績效策略，設計出企業的薪酬體系和福利策略。

（八）績效管理

房間的正中間是績效管理，因為績效管理是企業策略落地的工具：企業為了達成目標，首先要搭建企業的三級目標體系，基於目標體系形成配套的 KPI 指標體系，然後根據配套資源形成計畫；基於企業的目標做工作分析；基於工作分析形成的編制預算做人員的配置（含應徵工作）；基於工作分析形成的職位說明書做職位評估，形成薪酬結構和薪酬體系；基於人員的配置會涉及人員的獵取和發展，人員的發展實際上包含幹部的選拔和培養，在做幹部選拔和培養的時候，會涉及素養模型、任職資格的設計、培訓體系的搭建。所以績效管理模組可以說是一個平臺模組。

當然，績效考核的結果會應用在員工的培訓、晉升、薪酬晉級、評優、人員的進出（員工關係管理）等方面。

（九）企業文化

人力資源管理的模型源頭一定是企業的使命、願景和策略，然後才是圍繞著績效管理去展開的。當然，還有一個模組是企業文化。企業文化比較特殊，它類似「水」，融合在所有的管理模組中。圖 8-4 是企業文化模型，核心是價值觀，落地靠制度文化，樹立形象要有表層文化。

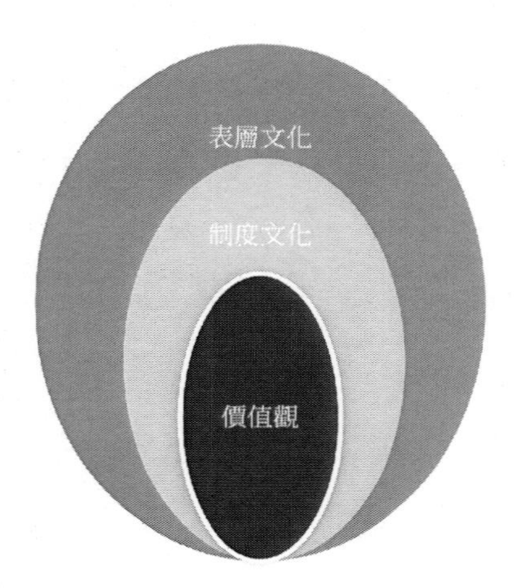

圖 8-4　企業文化模型

以上就是人力資源的管理模型，這個模型說明企業的人力資源的各個模組之間是相互連繫的，是有內推關係的。中高階主管一定要弄清楚其中的套路，避免做錯事，說外行話。

三、三種企業管控模式

企業的治理邏輯不同，配套的人力資源管控模式也有差異。

企業的管理介面不同，管控的模式也不同，企業的人員配置也是不一樣的。集團型的公司從總部與下屬公司的關係、管理目標、總部的核心職能三個方面，按照分權和集權的比例大小，將企業管控的模式分為三類：第一類是財務管理型，第二類是策略管理型，第三類是操作管理型。如下圖 8-5 所示。

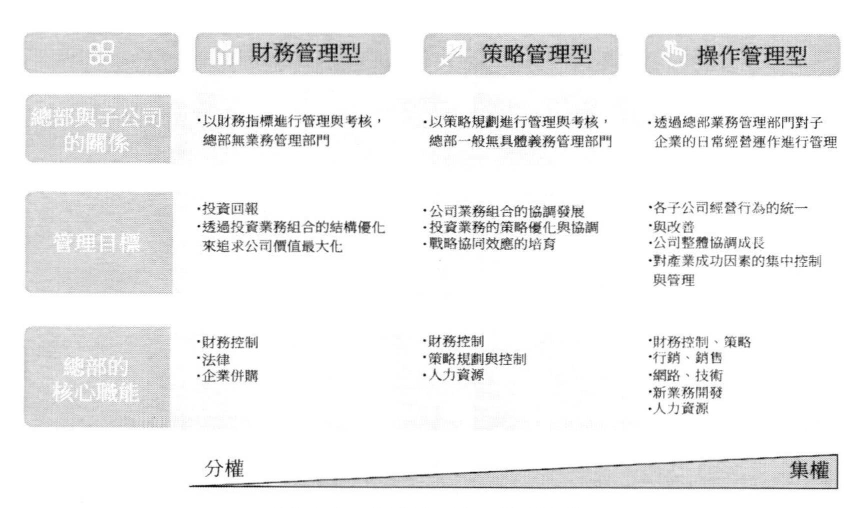

圖 8-5　企業管控的三種模式

(一) 財務管理型

財務管理型的企業，總部對下屬公司是以進行管理和考核，總部沒有業務管理部門，總部對於下屬公司的管理，只有財務上的指標，每年做到多大的盤子或者賺多少錢就行。財務管理型企業透過資產的配置來實現集團管控的目的。

財務管理型的企業管理目標是追求投資報酬。企業投出去的資金，能給企業帶來什麼樣或者多少回報要提前測算，然後透過投資業務組合的結構改善來追求公司價值的最大化，這也跟公司的風險喜好程度相關。財務管理型的企業總部可能不過問被投資企業的具體的管理動作，但對於投資的業務組合會仔細研究，這些業務之間透過配比高風險和低風險資產比例，來達到追求價值的最大化或者風險適合的目的。

總部的核心職能就是財務控制、法律和企業併購。第一個核心職能，財務控制就是要控制財務風險，在策略管理型和操作管理型中總部都有財務控制職能，從這一點上看，企業經營的核心目的之一是賺錢。

第二個核心職能是法律，由於財務管理型企業主要是透過投資的模式與被投資企業產生關係，管控的手段不多，最多簽對賭協定。管理的風險還是比較高的，經營中可能會出現被投資企業賴皮的情況，為了控制風險，財務管理型企業一般都會設立法律事務部，主要是對風險進行管控，包含投前、投中、投後的風險管理，也可以委託外部律所，不過內部法律事務部門是必不可少的。這塊職能很重要，尤其是在法律法規不是很健全的國家，企業採用財務管理型方式還是有比較大的風險壓力的，因為總部沒有業務管理部門，對投資資產的管控很弱，也不派管理人員，所以要有一個很強的法律事務部門。

第三個職能是企業併購，因為採用財務管理型的企業追求的是投資業務的組合。投資給誰？為什麼投？風險怎麼管控？怎麼合規？都是投資併購部門要考慮的問題，投資併購本身也是這類企業最主要的業務，所以選專案、控風險、投後管理這幾個關鍵步驟要走好。

從總部與下屬公司的關係、管理目標、總部的核心職能三個方面來看，財務管理型的企業，總部一般沒有什麼業務管理部門，幾個核心部門人員也比較精簡高效。所以這樣的管理模式，要求總部投資部門、法律部門還有企業併購部門的人力資源的配備要精簡，人員能力要高，至少以一當十。

(二) 策略管理型

策略管理型的企業，總部與下屬公司的關係是以策略規劃進行管理和考核的，總部一般無具體業務管理部門。這跟財務管理型稍有區別，雖然總部也沒有具體的業務管理部門，但是總部要做策略規劃。總部根據大的策略規劃提出每年的規劃目標，下屬單位依據總部的策略要求，部署本單位的具體的業務工作，年中、年底根據目標達成的情況，總部對下屬單位做目標考核。而財務管理型企業多數都是透過法律條文的形式約束，如果下屬單位要達到一定規模或收益的話，按照約定應該怎麼處理，達不到一定規模或收益的話，要怎麼處理，一般需要簽一份對賭協定做約束。

策略管理型企業管理目標是公司業務組合的協調發展，投資業務的策略改善與協調，還有策略協同效應的培育。

策略管理型總部的核心職能包含財務控制、策略規劃與控制和人力資源管理。在這裡沒有提到法律，因為此種管理模式下，對於下屬單位的管控，總部要派高管，比如總經理、副總經理、財務總監、董事或監事。這樣總部可以有比較直接的管理控制動作。

策略管理型管控模式有很多，例如：總部對下屬單位有管控，管控是從大的方向去把握，但又不是放手不管，也不是一竿子到底。下屬單位有相應的許可權，而大的策略方向、財務控制、高管的委派和考核，總部也能抓起來。

（三）操作管理型

操作管理型的企業，總部與下屬公司的關係，是透過總部業務部門對下屬企業的日常經營運作進行管理的。這是對下屬公司控制最強的一種管理模式，一般下屬單位有什麼部門，總部就有什麼部門，總部有專門的業務管理部門。

操作管理型企業的管理目標之一是各子公司經營行為的統一和改善，各子公司的行為都是一樣的，就像是雙胞胎。要達到步調統一和改善，公司各單位整體協調成長，需要透過對行業成功因素的集中控制與管理，達到集中管理的目的。基本上子公司的哪些部門怎麼做，什麼時候做，在哪裡做，甚至做成什麼樣，都要聽總部的指令。

操作管理型總部的核心職能包含財務控制、策略、行銷、銷售、網路技術、新業務開發和人力資源管理。實際上公司執行的每個模組總部都統籌了。下屬單位就是總部的一個部門或者派出單位，許可權很小。

財務管理型、策略管理型、操作管理型這三類企業管控模式，由於採用的管控模式不同，總部和分支機構人員的配備，人員的數量、人員的能力是不同的。所以人力資源經理人開展人力資源管理工作的時候，一定要弄清楚公司總部和分支機構的管控模式。如果搞不清楚，在做人員配置的時候，會出現能力超配，或者能力不足的情況。

管控模式的不同，決定了總部和下屬單位用人的能力水準和數量的多少。

- 財務管理型企業。總部人員能力會很強，且人數少，下屬單位人員能力強且數量多。
- 策略管理型企業。總部和下屬單位比較均衡。人力資源經理人一定要幫助總經理梳理清楚企業的管理模式，以便在人員配置的時候不鬧大的笑話。
- 操作管理型企業。總部人數多且能力強，下屬單位人數少且能力一般。

四、三種人力資源管控模式

與企業的財務管理型、策略管理型和操作管理型三種模式對應的企業人力資源管理模式可以歸納為鬆散管理型、政策指導型和操作指導型三類。下面將按照特點、優點和缺點依次介紹這三類人力資源的管理模式。

(一) 鬆散管理型

- 特點：總部對分（子）公司人力資源管理基本沒有管控，或者只有框架性的政策指導，分（子）公司自行決定並實施各自的人力資源策略及運作方法。
- 優點：各分（子）公司完全按照自身特點，有針對性地決定其人力資源管理策略和模式。
- 缺點：不同的人力資源模式阻礙了全公司間的人員流動，不利於合理的人員配置，造成類似業務單元間的不公平，總部對分（子）公司控制力度弱。

鬆散管理型的人力資源管理模式實際上是放養，基本上屬於放任自流。一方面可以發揮各下屬單位的主觀能動性，但是很容易出現經理人控制的現象。這和財務管理型的集團管控模式只追求財務指標，不追求企業掌控權的特點相對應。

(二) 政策指導型

- 特點：總部對分（子）公司進行人力資源管理政策的指導，分（子）公司在總部統一的人力資源政策下進行各自的管理操作。

◆ 優點：總部透過人力資源管理政策的指導更好地貫徹實施總部人才管理策略，便於人才流動，總部與分（子）公司在人力資源管理方面分工明確，效率提高，總部對分（子）公司的控制力度加強。

◆ 缺點：統一的人力資源管理政策可能忽略分（子）公司獨特的業務和行業特點，對總部人力資源管理的能力提出較高要求。

政策指導型的人力資源管理模式，屬於大的方向上根據公司業務策略和人力資源策略的需求做整體管控，但又不是非常深入，大的方向上不出問題即可。但是對於人力資源經理人的要求極高。這同策略管理型的集團管控模式追求大的策略協同、小的經營運作放手的原則相對應。

（三）操作指導型

◆ 特點：總部不僅對分（子）公司進行人力資源管理政策的指導並在具體操作層面上給予指導，分（子）公司在人力資源管理政策和具體操作上均比較統一。

◆ 優點：各分（子）公司間能夠保持人力資源管理政策的一致性，便於人才的流動，提高總部對分（子）公司的管控力度。

◆ 缺點：統一的人力資源政策可能忽略分（子）公司獨特的業務和行業特點，總部在人力資源操作方面的管控深度需明確界定。

操作指導型的人力資源管理模式實際上是「鬍子眉毛一起抓」，什麼都不放過，總部基本上是，「我的地盤我做主，你的地盤我也做主」。總部管理的量非常大，管理介面如果不清晰，很容易出現母子公司發生矛盾的現象。這也對應了操作管理型的集團管控模式的特點。

企業管控的模式不同，影響到企業人員配置的數量和品質。只有弄清楚企業管控模式，再配以合適的人力資源管控模式，企業的人力資源管理工作才會順暢，才會給企業的經營帶來助力，而不是干擾。

職場感悟

—— 為什麼那麼多公司想學習華為的企業文化，最終都失敗了？

企業的標竿學習在西方社會是一個很成熟的體系。許多企業早年學習的大多是歐美德日企業，後來隨著自己國家企業發展，逐步開始學習本土化的企業實踐。

鼓勵企業困局

企業若想學習別的企業文化，需要認真考慮能否做到真實的以客戶為本，整天圍繞著客戶轉，為客戶創造價值，滿足客戶的真實需求。而不僅僅只是為了賺客戶的錢。

另外，大多數民營企業的老闆都會說以奮鬥者為本，但是哪一位不是嚴格控股自己的企業呢？有哪一位老闆能夠讓自己的核心團隊來完全控股自己的公司呢？

還有，很多企業發展到了一定的級別，哪個老闆不是豪車數輛，豪宅數棟？還有誰會去食堂排隊打飯呢？

學習別的企業文化，需要企業大動干戈，傷筋動骨，不是口頭上說說就好的，而這樣的企業有幾家可以做到呢？所以，雖然學習其他企業的有很多，但是鮮有成功的。

標竿學習

標竿學習是一家公司將自己的業績與一流公司相對比，來確定這些公司能達到他們的業績表現水準，並應用這些資訊，來改進自己業績表現的流程。

標竿學習作為 1990 年代風靡世界的策略管理工具之一，如今仍然廣受推崇。許多企業把標竿學習看作學習和改進其策略管理實踐的一種方式。標竿學習是指企業將自己的產品、生產、服務等，與同行業內和行業外的典範企業、領袖企業（標竿企業）做比較，找出差距，借鑑他人的先進經驗以彌補自身不足，從而提高競爭力。標竿學習是追趕或超越標竿企業的一種良性循環的管理方法，其實質是模仿、學習和創新的持續改進過程。

標竿學習起源於 1970 年代末 1980 年代初，時值美國學習日本的浪潮。首先開展標竿學習的是美國全錄公司（Xerox），該公司從生產成本、週期時間、行銷成本、零售價格等領域中，找出一些明確的衡量專案和標準，然後將全錄公司在這些專案上的表現，與日本的主要競爭對手進行比較，找出差距，弄清這些優秀企業的成功之道，全面調整經營策略戰術，由此不僅改進了業務流程，而且很快取得了明顯成效。1980 年代，全錄公司將自己的品質管制體系定位成一張三角板凳，其中之一就是標竿學習。其後，標竿學習在西方企業之中掀起了一陣學習的風潮，成為提高企業水準、實現企業策略管理效果的有效工具。

後記

書稿雖然結束，但最後還是要在這裡強調幾點。

一、中高階主管的第一責任是人力資源管理

人力資源管理大師瑞姆·夏藍在他的著作《決勝人才力》(*The Talent Masters:Why Smart Leaders Put People Before Numbers*)中說過：一位經理人如果沒有做過人力資源工作或者沒有主管過人力資源工作，就不符合做企業的一把手或者對利潤負責的職位工作的要求。因為一把手的第一角色必須是人力資源經理！

這個觀點跟筆者本書的觀點如出一轍，企業經營雖然包含經營客戶和經營員工，但是走得遠的企業都是那些善於經營員工的企業。如果企業的老闆（總經理）沒有這個意識，在企業的經營中就會出現一切為了業務，而忽視員工個人策略的情況。如果一把手有這樣的觀念，上行下效，等企業發展到一定的規模和高度的時候，就會出現後繼乏力的情況。筆者曾經跟移動分公司的人力資源部總經理聊過這個話題，他在管理人力資源部之前，曾經在一家公司做過很長時間的一把手。當筆者說人才發展是一把手工程的時候，他深表認同，並且說他在任職地區總經理的時候就是把人才培養放在了跟業務同等重要的程度。

二、中高階主管應該掌握「六個人」

本書講到的中高階主管人才管理就是「六個人」：選擇人、要求人、輔導人、鼓勵人、評估人和保留人。這「六個人」的工作實際是六個技術：人員應徵與選拔配置、目標設定與分解到工作的委派、下屬在職工作教練和輔導、下屬工作幹勁的激發和維持、下屬績效的評估和改進、基於下屬個人策略的發展和保留。

如果從蓋洛普的 Q12 測評法的角度來解析，這些實際上就是日常工作。而真正的高手是那些把高深的技術融合到日常管理中的中高階主管。清風化雨、潤物細無聲，在點點滴滴中將員工的培養發展和本單位的目標達成無縫結合。

要做到這種程度需要中高階主管時時刻刻的修煉和投入，只有經過風雨洗禮，才能把這些貌似高大上又土得掉渣的技術，融入日常行為中。

三、企業一把手務必要重視搭團隊帶團隊

本書的邏輯一直就是圍繞著中高階主管闡述，中高階主管實際上是企業的中高層團隊成員，這些人的行為受公司一把手的影響。所以一把手一定要有人才經營的意識、動作、精力和資源投入，如此才能在企業內部建立人才經營的氛圍。

這就要求一把手首先在搭建團隊的時候，灌輸人才經營的意識和理念，建立可參照的行為規範，讓團隊成員能夠在管理業務的時候，同時

關注中層經理的成長，並投入足夠多的資源支持。這樣才能在公司內部形成示範效應，讓各級帶團隊的主管在思想上重視人才的發展，這樣人才發展就轉化為日常的規範動作了。

四、職業規劃是一門技術

職業生涯規劃工作是一個流程，源頭是企業策略規劃，裡面有大大小小的工具，就像教練是技術活一樣，職業規劃也是個技術活。所以企業的中高階主管需要學習職業規劃的技術，不能想當然認為職業規劃是純天然應該掌控的技術。

企業人力資源部門要基於公司的發展策略，明確企業所需的職種、職類，打通職業路徑，並且要形成制度規範。將職業規劃的技術和本企業的職業路徑形成培訓課程，然後給中高階主管培訓，讓大家都掌握。若中高階主管不支持公司做職業規劃工作，除了公司沒有打通職業路徑之外，最主要的原因是他們真的不知道怎麼去給員工做職業規劃。

五、說起來容易做起來難

從全書的內容來看，匹配「六個人」的技術沒有什麼很難做的事情，難就難在執行。知易行難啊，雖然許多經理都很聰明，雖然大家各有各的工作方法和技術，但是由於套路不同，在工作過程中難免就會出現矛盾和衝突。如果公司小沒什麼問題，如果公司規模較大，無疑增加了溝通成本，會出現「深井」和溝通壁壘。雖然每個人的能力都很強，但是團隊或者企業整體上沒有競爭力。

筆者基於個人的工作經歷和管理諮詢的實踐寫了本書，嘗試把中高階主管管人的工作用通俗易懂的語言呈現給大家，希望能夠對您的工作有所幫助。

鄧玉金

資深 HR 的 8 大高效團隊管理術：績效管理 PDCA×HR 職責分工 × 核心人才評估 × 人力控管模式……從管理人才開始，培養企業發展的基礎力！

作　　者：鄧玉金
責任編輯：高惠娟
發 行 人：黃振庭
出 版 者：財經錢線文化事業有限公司
發 行 者：財經錢線文化事業有限公司
E-mail：sonbookservice@gmail.com
粉 絲 頁：https://www.facebook.com/sonbookss/
網　　址：https://sonbook.net/
地　　址：台北市中正區重慶南路一段 61 號 8 樓
8F., No.61, Sec. 1, Chongqing S. Rd., Zhongzheng Dist., Taipei City 100, Taiwan
電　　話：(02)2370-3310
傳　　真：(02)2388-1990
印　　刷：京峯數位服務有限公司
律師顧問：廣華律師事務所 張珮琦律師

定　　價：399 元
發行日期：2024 年 08 月第一版
◎本書以 POD 印製

國家圖書館出版品預行編目資料

資深 HR 的 8 大高效團隊管理術：績效管理 PDCA×HR 職責分工 × 核心人才評估 × 人力控管模式……從管理人才開始，培養企業發展的基礎力！/ 鄧玉金 著 . -- 第一版 . -- 臺北市：財經錢線文化事業有限公司 , 2024.08
面；　公分
POD 版
ISBN 978-957-680-941-5(平裝)
1.CST: 企業管理者 2.CST: 企業領導 3.CST: 組織管理 4.CST: 職場成功法
494.2　113010942

電子書購買

爽讀 APP

臉書